职业教育酒店管理专业校企"双元"合作新形态

酒文化与调酒

主　编◎殷开明　胡　勇　冉龙琼

副主编◎唐　斌　艾佩佩　彭　瑜

王　飒　江　柯　牛若男

重庆大学出版社

内容提要

时代在进步，行业在变化。行业所需，教育所向。考虑到实用、够用原则，本书从调酒入门者可能遇到的各种困境出发，围绕酒水知识、调酒工具、技术、载杯、装饰物等主题，为学习者开启一条从酒吧服务员—吧员—调酒师的晋升之路。

本书共分为六个项目，按照"项目—任务驱动教学法"对课程的内容进行全新的整合与归纳，以"可教、可学、可做"为原则，每个项目又分为若干个任务。在体例上，每个项目都安排了项目目标、项目关键词、项目导入、知识拓展、项目小结、项目训练等栏目。党的二十大报告提出要努力培养造就更多大师、高技能人才，本书融理论性、实践性于一体，特别重视实践能力和创新创业能力的培养，致力于培养出优秀的酒文化传承大师与创新者、调酒高技能人才。

图书在版编目（CIP）数据

酒文化与调酒 / 殷开明, 胡勇, 冉龙琼主编 . -- 重庆 : 重庆大学出版社, 2023.11
职业教育酒店管理专业校企"双元"合作新形态系列教材
ISBN 978-7-5689-3625-5

Ⅰ . ①酒… Ⅱ . ①殷… ②胡… ③冉… Ⅲ . ①酒文化—中国—职业教育—教材 ②酒—调制技术—职业教育—教材 Ⅳ . ① TS971.22 ② TS972.19

中国国家版本馆 CIP 数据核字（2023）第 011454 号

酒文化与调酒

主编　殷开明　胡勇　冉龙琼
副主编　唐斌　艾佩佩　彭瑜
　　　　王飒　江柯　牛若男
策划编辑：顾丽萍

责任编辑：夏宇　　　版式设计：顾丽萍
责任校对：王倩　　　责任印制：张策

*

重庆大学出版社出版发行
出版人：陈晓阳
社址：重庆市沙坪坝区大学城西路21号
邮编：401331
电话：（023）88617190　88617185（中小学）
传真：（023）88617186　88617166
网址：http://www.cqup.com.cn
邮箱：fxk@cqup.com.cn（营销中心）
全国新华书店经销
重庆愚人科技有限公司印刷

*

开本：787mm×1092mm　1/16　印张：15　字数：331千
2023年11月第1版　　2023年11月第1次印刷
印数：1—2 000
ISBN 978-7-5689-3625-5　定价：59.00元

总 序
ZONGXU

　　职业教育与普通教育是两种不同的教育类型，具有同等重要的地位。随着中国经济的高速发展，职业教育为我国经济社会发展提供了有力的人才和智力支撑。教材作为课程体系的基础载体，是"三教"改革的重要组成部分，是职业教育改革的基础。《国家职业教育改革实施方案》提出要深化产教融合、校企合作，推动企业深度参与协同育人，促进产教融合校企"双元"育人，建设一大批校企"双元"合作开发的教材。

　　酒店管理是全球十大热门行业之一，酒店管理专业优秀人才一直很紧缺。酒店管理专业是职业教育旅游类中的重要专业，该专业的招生和就业情况良好，开设相关专业的院校众多，深受广大学生的喜爱。酒店管理专业的课程具有很强的实操性。基于此，在重庆大学出版社的倡议下，重庆市酒店行业协会党支部书记、常务副会长兼秘书长谢廷富老师自 2020 年开始牵头组织策划本系列教材，汇聚了一批酒店行业的业界专家与职业院校的优秀教师共同编写了这套职业教育酒店管理专业校企"双元"合作新形态系列教材。

　　本系列教材具有以下几个特点：

　　1. 校企"双元"合作开发。为体现职业教育特色，真正实现校企"双元"合作开发，本系列教材由重庆市酒店行业协会牵头组织，邀请了重庆市酒店行业协会、重庆市导游协会、渝州宾馆、重庆圣荷酒店、嘉瑞酒店、华辰国际大酒店、伊可莎大酒店等行业企业的技能大师和职业经理人，以及来自重庆旅游职业学院、重庆建筑科技职业学院、重庆城市管理职业学院、重庆工业职业技术学院、重庆市旅游学校、重庆市女子职业高级中学、重庆市龙门浩职业中学校、重庆市渝中职教中心、重庆市璧山职教中心等院校的优秀教师共同参与教材的编写。本系列教材坚持工作过程系统化的编写导向，以实际工作岗位组织编写内容，由行业专家提供真实且具有操作性的任务要求，增加了教材与实际岗位的贴合度。

　　2. 配套资源丰富。本系列教材鼓励作者在编写时积极融入各种数字化资源，如国家精品在线开放课程资源、教学资源库资源、酒店实地拍摄资源、视频微课等。以上资源均以二维码形式融入教材，达到可视、可听、可练的要求。

3. 有机融入思政元素。本系列教材在编写过程中将党的二十大精神、习近平新时代中国特色社会主义思想以及中华优秀传统文化等思政元素与技能培养相结合，着力提升学生的职业素养和职业品德，以体现教材立德树人的目的。

4. 根据需要，系列教材部分采用了活页式或工作手册式的装订方式，以方便教师教学使用。

在酒店教育新背景、新形势和新需求下，编写一套有特色、高质量的酒店管理专业教材是一项系统复杂的工作，需要专家学者、业界、出版社等的广泛支持与集思广益。本系列教材在组织策划和编写出版过程中得到了酒店行业内专家、学者以及业界精英的广泛支持与积极参与，在此一并表示衷心的感谢。希望本系列教材能够满足职业教育酒店管理专业教学的新要求，能够为中国酒店教育及教材建设的开拓创新贡献力量。

编委会

2023 年 6 月 18 日

前 言
QIANYAN

　　时代在进步，行业在变化。行业所需，教育所向。考虑到实用、够用原则，本书从调酒入门者可能遇到的各种困境出发，围绕酒水知识、调酒工具、技术、载杯、装饰物等主题，为学习者开启一条从酒吧服务员—吧员—调酒师的晋升之路。

　　本书共分为六个项目，按照"项目—任务驱动教学法"对课程的内容进行全新的整合与归纳，以"可教、可学、可做"为原则，每个项目又分为若干个任务。在体例上，每个项目都安排了项目目标、项目关键词、项目导入、知识拓展、项目小结、项目训练等栏目。党的二十大报告提出要努力培养造就更多大师、高技能人才，本书融理论性、实践性于一体，特别重视实践能力和创新创业能力的培养，致力于培养出优秀的酒文化传承大师与创新者、调酒高技能人才。本教材的编写特点如下：

　　（1）本书是教育部国家精品在线开放课程"酒水调制与酒吧管理"的配套教材。该课程的教学课件获教育部第一届旅游管理类主干课程教学课件全国一等奖；其职业岗位能力精品课在2019年获第二十三届全国教师教育教学信息化交流活动高等教育组全国一等奖。

　　（2）本书是创业就业指导教材。本书的编写紧密结合"大众创业、万众创新"的培养理念，以培养酒文化传承大师与创新者、调酒高技能人才和酒吧创业者为终极目标。

　　（3）本书是产教协同跨界智慧的成果。本书由行业专家深度参与，普通本科院校专家、职业院校骨干教师和行业专家共同参与编写，体现了校企"双元"合作编写的要求，使教材内容和行业需求相匹配。本书由国家精品在线开放课程主持人、职业教育国家在线精品课程主持人、重庆城市管理职业学院副教授殷开明担任第一主编，并负责拟定全书大纲及项目一和项目二的编写工作，重庆嘉瑞酒店餐饮部经理胡勇、成都地平线国际调酒师培训基地冉龙琼担任企业主编，重庆科技学院唐斌、重庆市璧山职教中心艾佩佩（项目三）、重庆建筑科技职业学院彭瑜（项目四）、重庆城市管理职业学院江柯（项目五）、成都丽思卡尔顿酒店首席调酒师王飒、重庆璧山职教中心牛若男（项目六）担任副主编。重庆师范大学邓睿、李仁初、孙晓露、罗楷、朱宸、陈伟参与了本书的编写工作。

（4）本书贯彻了"中职、高职、本科职业教育衔接一体化"理念。编写团队中两位中职教师的深度参与能有效地避免中高职教材内容的重复、叠加及错位，能实现中职教学资源与高职教学资源的优势互补。同时，一位本科教师的参与可以有效地提升学生职业的可持续发展。

（5）本书是立体化教材。教材配有以在线精品课程为中心的多种资源，包括微视频、电子教案、教学课件、在线随堂测试、在线单元作业、在线讨论、在线考试等。

（6）本书是联合村全体村民乡村振兴酒产业发展的经验总结。在栗子乡驻乡工作队和栗子乡政府的支持和关心下，驻村工作队和村两委对本书的编写提供了很多宝贵的经验指导。

需要说明的是，由于该课程在国内的建设时间还比较短，加之编者能力有限，书中难免有疏漏和错误之处，望专家学者和广大读者不吝赐教。

酒水调制
与酒吧管理
课程导读

编　者

2023 年 6 月

目 录
MULU

参考文献

项目一
你需要记住的调酒主料

》 项目目标

职业知识目标：

1. 了解金酒、白兰地等六大基酒，掌握六大基酒的主要品牌。

2. 了解中国白酒的基础知识，掌握中国白酒的主要类型。

3. 熟悉葡萄酒的定义和类型，了解葡萄酒发展的现状和新旧葡萄酒世界的区别。

4. 了解啤酒的定义和酿造过程，掌握世界著名的啤酒品牌。

职业能力目标：

1. 能识别六大基酒中的品牌。

2. 能鉴别不同的葡萄酒商标。

3. 熟练地对白酒、啤酒开展鉴别工作。

职业素质目标：

形成对酒文化的学习兴趣，完善知识结构，提高适应社会的能力。

》 项目关键词

金酒　特基拉酒　伏特加酒　朗姆酒　威士忌　白兰地　中国白酒　葡萄酒
啤酒

【项目导入】

　　基酒也称酒基、底料、主料，在鸡尾酒中起决定性的主导作用，是鸡尾酒中的当家要素。完美的鸡尾酒需要基酒有广阔的胸怀，能容纳各种加香、呈味、调色的材料。选择基酒首要的标准是酒的品质、风格、特性，其次是价格。理想的酒是用品质优良、价格适中的酒作基酒，既能保证利润空间，又能调出令人满意的酒。因此，选择什么样的酒作基酒需要有一定的技巧。

任务一　认识金酒

金酒认知

一、含义

金酒（Gin）也称毡酒、琴酒、杜松子酒，是以谷物为原料，经过糖化发酵后，加入杜松子蒸馏而成的酒。

金酒不用陈酿，但有的厂家将原酒放入橡木桶中，使酒液略带金黄色。金酒的酒精度一般为 35 ~ 55 度，酒精度越高，质量越好。比较著名的有荷式金酒、英式金酒和美国金酒。

二、起源

金酒的原产地是荷兰。17 世纪，荷兰莱登大学教授西尔维厄斯为了预防移民罹患热带疾病，将杜松子浸在纯酒精中蒸馏而成药酒，这种药酒具有健胃、解热、利尿的功效。在临床试验中，因其品味诱人，逐渐超越医疗界限，成为一般市民喜爱的饮品。这种酒无色透明，香醇可口，散发着清新的松脂香，让人无法抗拒，又保持了蒸馏酒的辛辣风味，在鸡尾酒世界占有重要地位。据说，1689 年流亡荷兰的威廉三世回到英国继承王位时就带着杜松子酒，该酒被称作"Gin"并受到人们的喜爱。1702—1704 年，当政的安妮女王对法国进口的葡萄酒和白兰地苛以重税，而对本国的蒸馏酒降低税收，于是本国产的金酒成了英国平民百姓的廉价蒸馏酒。金酒在英国生产后闻名于世，是鸡尾酒中被使用最多的一种酒，有鸡尾酒"心脏"的美誉。有意思的是，金酒和伏特加有一定的渊源，可以把金酒看作世界上第一款调味型伏特加。

三、生产工艺

只要具备蒸馏设备、谷物和相应的草本香料植物三个条件，就可以在世界上任何一个地方生产金酒。一般来说，金酒的生产工艺主要有以下三种：

①中性酒精与杜松子等植物添加辅料一同蒸馏。

②中性酒精与一定比例的蒸馏浓缩金酒直接混合调制。

③中性酒精与一定比例的杜松子精和其他调酒香料直接混合调制。

四、金酒的分类

金酒按口味风格可分为辣味金酒（干金酒）、老汤姆金酒（加甜金酒）、荷兰金酒和果味金酒（芳香金酒）。

①辣味金酒质地较淡，清凉爽口，略带辣味，酒精度为 40 ~ 47 度。

②老汤姆金酒即在辣味金酒中加入 2% 的糖分，带有怡人的甜辣味。

③荷兰金酒除了具有浓烈的杜松子气味外，还具有麦芽的芬芳，酒精度通常为 50 ~ 55 度。

④果味金酒即在辣味金酒中加入成熟的水果和香料，如柑橘金酒、柠檬金酒、姜汁金酒等。

五、主要产地

（一）荷兰

荷式金酒产于荷兰，主要产区集中在斯希丹一带，被称为荷兰人的国酒。荷式金酒色泽透明清亮，酒香味突出，香料味浓重，辣中带甜，风格独特，无论是纯饮或加冰都很爽口。因香味过重，荷式金酒只适于纯饮，不宜作混合酒的基酒，否则会破坏配料的香味平衡。

（二）英国

金酒的原料价格低廉，生产周期短，无须长期贮存，经济效益很高，不久就在英国流行起来。英式金酒的生产过程较荷式金酒简单，用食用酒糟和杜松子及其他香料共同蒸馏而得干金酒。由于干金酒酒液无色透明，气味奇异清香，口感醇美爽适，既可单饮，又可与其他酒混合配制或作为鸡尾酒的基酒，所以深受人们的喜爱。英式金酒也称伦敦干金酒，属淡体金酒，即不甜，不带原体味，口味与其他酒相比较淡雅。

（三）美国

美国金酒因在橡木桶中陈酿一段时间而呈淡金黄色，可分为蒸馏金酒（Distiled Gin）和混合金酒（Mixed Gin）两大类。通常情况下，蒸馏金酒在瓶底部会有"D"字样，这是美国蒸馏金酒的特殊标志。混合金酒是用食用酒精和杜松子简单混合而成的，很少用于单饮，多用于调制鸡尾酒。

（四）其他国家

金酒的主要产地除荷兰、英国、美国以外，还有德国、法国、比利时等国。比较有名的金酒有德国的辛肯哈根（Schinkenhager）、西利西特（Schlichte）、多享卡特（Doornkaat），比利时的布鲁克人（Bruggman）、菲利埃斯（Filliers）。

六、著名的金酒

（一）添加利金酒

1898 年，哥顿公司与查尔斯·添加利合作，成立添加利哥顿公司。添加利金酒（Tanqueray Gin）是金酒中的极品名酿，浑厚甘洌，具有独特的杜松子香味和其他香草味，现为美国最著名的进口金酒之一，广受各国人士青睐。

（二）孟买蓝宝石金酒

孟买蓝宝石金酒（Bombay Dry Gin）被认为是全球最优质、最高档的金酒之一，与仅仅用 4 ~ 5 种草药浸泡而成的普通金酒相比，孟买蓝宝石金酒将酒蒸馏汽化，用从世界各地采集而来的 10 种草药精酿而成。如此独特的工艺，赋予了孟买蓝宝石金酒与众不同的口感。凭借精致绝伦的外观和口感，孟买蓝宝石金酒在倡导全球时尚的城市（如纽约、巴黎、伦敦等地）掀起热潮，成为世界上增长最快的洋酒品牌之一。

（三）哥顿金酒

金酒是英国的国饮。1769 年，阿历山大·哥顿在伦敦创办金酒厂，开发并完善了不含糖的金酒，将经过多重蒸馏的酒精配以杜松子、芫荽种子及多种香草，调制出香味独特的哥顿金酒（Gordon's Dry Gin）。哥顿金酒口感滑润、酒味芳香，1925 年获得皇家特许状。目前，哥顿金酒的出口量为英国伦敦金酒之冠；在世界市场上，其每天的销量也高达每秒 4 瓶。

（四）必富达金酒

必富达金酒（Beefeater Gin）使用优质配料，采用珍贵的传统专业酿酒工艺酿造而成。19 世纪以来，其酿酒配方结合野生杜松子和芫荽子的美味，以及天使酒的微甜味和塞维利亚柑橘的特殊味道，口味醇美，回味悠长。

（五）海曼老汤姆金酒

海曼老汤姆金酒（Hayman Old Tom Gin）香草味浓郁且略带甜味，较其他风格的金酒口感更丰富和均衡，是 19 世纪最流行的金酒之一。相传老汤姆原是英政府的间谍，他在伦敦租了一间房，做了个猫形的招牌来卖酒，有两条管子连接着他的房间。行人想买酒时，可把钱丢进猫嘴里的粗管内，然后由细管倒酒出来，买的人就对着管子喝，这也许是自动贩卖机的雏形。

添加利金酒

孟买蓝宝石金酒

哥顿金酒

必富达金酒

海曼老汤姆金酒

七、金酒的饮用和保存

（一）金酒的饮用

1. 净饮

先将 1 oz（约 28 mL）的金酒加少量冰块搅匀，滤入鸡尾酒杯，加一片柠檬。

2. 加冰

在古典杯中加冰块和 1 oz 金酒，加一片柠檬。

3. 混合饮用

金酒可与苏打水、汤力水兑和饮用。

（二）金酒的保存

保存的时候直立放置在凉爽处，需要注意避光、避高温。如果已经开启，只要把盖旋紧或将木塞压实封口，可以分多次喝完。

任务二　认识特基拉酒

特基拉认知

一、含义

特基拉酒（Tequila）是墨西哥的特产，被称为墨西哥的灵魂。特基拉是墨西哥的一个小镇，此酒以产地得名。特基拉酒有时也被称为龙舌兰烈酒，是以龙舌兰为原料，经过发酵、蒸馏得到的烈性酒。

二、起源

特基拉酒的起源可追溯至阿兹特克人，他们酿造了一种名为 Pulque 的酒，原料来自一种名叫 Mezcal 的植物（龙舌兰的一种）。16 世纪，西班牙人把蒸馏技术引进墨西哥，使 Pulque 酒的酒精含量得到提高。蒸馏后的 Pulque 酒取名为麦斯卡尔酒（Mezcal，也称龙舌兰酒）。龙舌兰酒的原料龙舌兰有很多不同的品种，其中品质最佳的蓝色龙舌兰（Blue Agave）主要栽培在哈利斯科州的特基拉镇一带。墨西哥政府明文规定，只有以特基拉镇出产的蓝色龙舌兰为原料制成的酒，才被允许冠以特基拉之名出售，就像干邑白兰地必须产自法国干邑地区。因此，所有的特基拉都是龙舌兰酒，但并非所有的龙舌兰酒都可以称为特基拉。

三、生产工艺

特基拉酒在制法上不同于其他蒸馏酒，龙舌兰经过 10 年的栽培，在其长满叶子的根部，会形成大菠萝状茎块，将叶子全部切除，把含有甘甜汁液的茎块切割后放入专用糖化锅内煮大约 12 h，待糖化过程完成后，将其榨汁注入发酵罐中，加入酵母和上次的部分发酵汁发酵。有时为了补充糖分，还得加入适量的糖。发酵结束后，发酵汁除留下一部分作为下一次发酵的配料外，其余的在单式蒸馏器中蒸馏两次。第一次蒸馏后，将会获得一种酒精度为 25 度的液体；第二次蒸馏后，去除首馏和尾馏，将会获得一种酒精度为 55 度的可直接饮用的烈性酒。因此，特基拉酒的酒精度为 35～55 度。我们通常见到的无色特基拉酒为非陈酿特基拉酒。金黄色特基拉酒为短期陈酿，而在木桶中陈酿 1～15 年的为老特基拉酒。也就是说我们可以根据成熟程度，将龙舌兰酒分为无色龙舌兰酒（没有成熟）、金黄色龙舌兰酒（两个月以上成熟）和龙舌兰古典（一年以上成熟）。

四、特基拉等级

除了颜色有金色、银色（透明）之分，很少有人真正了解特基拉也是有产品等级差异的。虽然各家酒厂通常会根据自己的产品定位，创造发明一些自有的产品款式，但是下面几种分级，却是有法规保障、不可滥用的官方标准。

（一）Blanco / Plata

"Blanco / Plata"在西班牙语里分别代表"白色 / 银色"，可被视为一种未陈酿的，或者陈酿时间不超过 30 日的龙舌兰酒。有些款式直接在蒸馏完成后就装瓶，有些则是放入不锈钢容器中陈放，但也有些酒厂为了让产品能比较顺口，选择短暂地放入橡木桶中陈放。

（二）Joven abocado

"Joven abocado"在西班牙语里意为"年轻且顺口的"，此等级的酒也常被称为 Oro（金色的）。其实，金色龙舌兰跟白色龙舌兰是一样的，只不过金色的版本又加上局部的调色与调味料（包括酒用焦糖与橡木萃取液，其重量比不得超过 1%），使其看起来有点像陈年的产品。以分类来说，这类酒全属于 Mixto，虽然理论上没有用 100% 龙舌兰制造的产品高级，但在外销市场上，这个等级的酒因为价格实惠，仍然是销售市场上的主力军。

（三）Reposado

"Reposado"在西班牙语里意为"休息过的"，此等级的酒在橡木桶中存放的时间为 2 个月至 1 年。由于在橡木桶中存放，酒的风味和颜色会受到影响，口感会变得浓厚、复杂一些，时间越长颜色也越深。目前，此等级的酒占墨西哥本土特基拉销量的最大份额，占有率达到 60%。

（四）Anejo

"Anejo"在西班牙语里意为"陈年过的"，此等级的酒在橡木桶中存放的时间超过一年以上，没有上限。有别于前三种等级，陈年龙舌兰酒受政府的管制严格得多，必须使用容量不超过 350 L 的橡木桶封存，并且由政府官员封上封条。虽然时间超过一年的都可称为 Anejo，但其价格却相差很大。例如，Tequila Herradura 著名的顶级酒款 Selección Suprema 就是陈年超过 4 年的超高价产品，其市场行情甚至不输给一瓶 30 年的苏格兰威士忌。一般来说，专家普遍认为龙舌兰最合适的陈年期限为 4～5 年，超过 4～5 年桶内的酒精会挥发过多。

五、著名的特基拉酒

（一）奥美加金

奥美加金（Olmeca Gold）源自神秘的远古时代，秉承 3 000 年的西班牙酿酒文化，延续丰富的甘醇酒味。以采摘自墨西哥高原的龙舌兰，经过二次蒸馏工艺提炼而成，蕴含黄金般柔和的色泽和新鲜的柠檬清香，任何时候都可尽享精致优雅与品位。

（二）豪帅金快活

来自墨西哥的豪帅金快活（Jose Cuervo Especial）是世界上最古老的龙舌兰畅销品牌，其酿造历史可追溯至 1758 年。1889 年，因龙舌兰酒品质卓越，金快活还被墨西哥总统授予第一块金牌。自 20 世纪 40 年代开始，金快活已成功占领市场，现占据全球龙舌兰市场 35.1% 的份额。长久以来，金快活一直是消费者心目中龙舌兰酒的第一品牌，目前是世界最受欢迎十大烈酒品牌之一。

（三）懒虫金

懒虫金（Camino）产自墨西哥哈利斯科州，是地道的 Reposado 级别特基拉酒，采摘自墨西哥高原的龙舌兰经过二次蒸馏工艺提炼而成，其酒色呈金黄琥珀色，口感醇厚，淡淡干果香味，酒精度为 40 度，规格为 750 mL。

奥美加金

豪帅金快活

懒虫金

（四）白金武士

白金武士（Conquistador Silver）采用墨西哥特产龙舌兰为原料酿制而成，是墨西哥享誉国际的佳酿。寻求刺激的人士喜爱墨西哥炸弹（Tequila Pop）的醇和热烈，或换一杯玛格丽特（Margarita），以白金武士为主，加柠檬汁和碎冰搅拌，再以盐边装饰，那种酸意苦涩，相信只有尝试一杯才能真正领会得到。

（五）希玛窦

希玛窦（El Jimador）自1994年推出以来，短短几年已成为墨西哥销售第一的特基拉酒。"El Jimador"在西班牙语里就是种植与采割龙舌兰植物的农人，选用它作为品牌名来纪念那些努力工作的人。

白金武士　　　　　　　　　　希玛窦

六、特基拉酒的饮用和保存

（一）特基拉酒的饮用

1. 加橙汁

先加橙汁，再加入三四滴红石榴糖浆，翻搅，这款酒名为墨西哥日出。

2. 净饮

喝的时候先在虎口处放点盐，备好柠檬片，先舔盐，然后一口喝掉酒，最后咬柠檬片。

3. 加雪碧

在杯口上放一个盖子。喝的时候，雪碧加好，盖上盖子，在桌上用力磕一下，然后迅速拿掉盖子，一口喝完，这款酒名为墨西哥炸弹。

（二）特基拉酒的保存

特基拉酒没有保质期的说法，开瓶后可以常温下保存，但是时间长了口感和香气会减弱。储存方法：避光保存，恒温，恒湿。

任务三　认识伏特加酒

伏特加认知

一、伏特加的含义

伏特加（Vodka）是以多种谷物（马铃薯、玉米等）为原料，用重复蒸馏、精炼过滤的方法，除去酒精中所含毒素和其他异物的一种纯净的高酒精度的饮料。伏特加无色无味，没有明显的特性，但很提神。伏特加酒口味烈，劲大刺鼻，除了与软饮料混合使之变得甘洌，与烈性酒混合使之变得更烈之外，别无他用。

二、伏特加的起源

伏特加是俄罗斯和波兰的国酒，是欧洲寒冷国家十分流行的烈性饮料。相传，伏特加最早是 15 世纪晚期由克里姆林宫修道院里的修道士所酿。修道士们酿出这种液体本来是用来做消毒液的，却不知哪个好饮的人偷喝了第一口"消毒水"，此后 500 年间伏特加一发不可收拾地成为俄罗斯的第一烈性饮料。

三、伏特加的生产工艺

伏特加的主要原料是谷物（大麦、小麦、裸麦、玉米）及甜菜、马铃薯，以连续蒸馏方式制成酒精度为 95 度以上的烈酒，再加水稀释至 80 度以下。酒精度极高的伏特加，有两项特殊的制造工艺非常重要：①蒸馏出的酒在流入收集器时，要经过木炭过滤，每加仑酒至少要用一磅半的木炭；②过滤时间不可少于 8 h，每 40 h 至少有 10% 的木炭要换成新的。

四、主要产地

（一）俄罗斯

俄罗斯伏特加酒液透明，除酒香外，几乎没有其他香味，口味凶烈，劲大冲鼻，火一般地刺激，著名的有波士（Bolskaya）、苏联红牌（Stolichnaya）、苏联绿牌（Moskovskaya）、柠檬那亚（Limonnaya）、斯大卡（Starka）、朱波诺夫（Zubrovka）、俄国卡亚（Kusskaya）、哥丽尔卡（Gorilka）。

（二）波兰

波兰伏特加的酿造工艺与俄罗斯相似，区别只是波兰人在酿造过程中加入了一些草卉、植物果实等调香原料，因此波兰伏特加比俄罗斯伏特加酒体丰富，更富韵味，著品的有兰牛（Blue Rison）、维波罗瓦（Wyborowa）、朱波罗卡（Zubrowka）。

（三）瑞典

虽然伏特加酒起源于俄罗斯，但在《福布斯》的奢侈品牌排行榜上，位居前列的绝对伏特加（Absolut Vodka）却是来自瑞典的佳酿。绝对伏特加的名字不仅考虑到产品的绝对完美，也叙述了其品牌的来历。1879年，拉斯·奥尔松·史密斯利用一个全新的工艺方式酿制了一种全新的伏特加，并取名为"绝对纯净的伏特加酒"，这一工艺被绝对伏特加酒厂沿用至今，特选的冬小麦与纯净井水保证了其优等质量与独特品味。

（四）其他国家和地区的伏特加

①英国：哥萨克（Cossack）、夫拉地法特（Viadivat）、皇室（Imperial）、西尔弗拉多（Silverad）。

②美国：皇冠（Smirnoff）、沙莫瓦（Samovar）、菲士曼（Fielshmann's Royal）。

③芬兰：芬兰地亚（Finlandia）。

④法国：卡林斯卡亚（Karinskaya）、弗劳斯卡亚（Voloskaya）。

⑤加拿大：西豪维特（Silhowltte）。

五、著名的伏特加

（一）皇冠伏特加——三次蒸馏，绝对纯净

皇冠（Smirnoff）伏特加也称宝狮伏特加，是目前最被人们普遍接受的伏特加之一，在全球170多个国家销售，堪称全球第一伏特加。皇冠伏特加作为最纯的烈酒之一，深受各地酒吧调酒师的喜爱。其酒液透明，无色，除了有酒精的特有香味外，无其他香味，口味甘洌，劲大冲鼻，是调制鸡尾酒不可缺少的原料。世界著名的鸡尾酒如血腥玛丽、螺丝刀都采用此酒为基酒。

（二）绝对伏特加——绝对艺术

源自1879年的绝对（Absolut）伏特加每一瓶都产自瑞典南部的阿赫斯，拥有400多年的酿造历史。作为声名最显赫的伏特加品牌，绝对伏特加的声誉不仅仅来自其酿造工艺，从广告领域来说，从来没有一个品牌与现代艺术结合得如此紧密而完美，给艺术家与广告创意提供了无数令人惊奇的可能性。

（三）蓝天原味伏特加——独一无二的蓝

蓝天原味（Skyy）伏特加原产地是美国，创始于1992年，一直引领着伏特加领域的改革。四次蒸馏，三次过滤，加上自身独特而先进的酿制工艺，使得蓝天原味伏特加成为美国近10年以来销售增长最快的伏特加酒。值得一提的是，蓝天原味伏特加除了拥有高度纯净的口感，还有一件独一无二的蓝色外衣，是继绝对伏特加之后最畅销的伏特加产品。

（四）维波罗瓦

维波罗瓦（Wyborowa）是来自伏特加故乡波兰的顶级伏特加，是由农户亲手精选采摘并培育的黑麦酿制而成。在最初蒸馏时，黑麦会被清洗三次。在农场的蒸馏间，再将黑麦蒸馏两次并过滤三次，这个百年老方能保证蒸出来的伏特加酒，保存了黑麦的甘甜味道，色泽纯净透彻。

（五）法国灰雁

法国灰雁（Grey Goose）是百加得洋酒集团旗下高端伏特加品牌，诞生于1996年，是推进鸡尾酒文化的先行者与倡导者。法国灰雁来自土地丰饶、历史悠远的酿酒圣地——法国干邑区，甄选顶级原料，经酒窖大师精心打造，完美呈现绵密顺滑、优雅柔和的绝妙体验，令人心旷神怡、持久回味。被誉为"全球最佳口感伏特加"，每一滴晶莹甘醇的法国灰雁都为缔造"世上绝佳好喝的伏特加"而生。

（六）苏联红牌

苏联红牌（Stolichnaya）也称斯托利，是一款俄罗斯伏特加，原产地为拉脱维亚。苏联红牌始于1901年，由黑麦和小麦酿造而成，是俄罗斯获奖最多、最受人们欢迎的伏特加品牌。

（七）苏联绿牌

苏联绿牌（Moskovskaya）原产地为拉脱维亚，酒精度为40度，可以净饮（配鱼子酱），也可以调成鸡尾酒。除酒香外，几乎没有其他香味，口味凶烈，劲大冲鼻，火一般地刺激，是俄罗斯国酒。1823年，苏联绿牌获得著名品酒比赛第一名。

| 皇冠 | 绝对 | 蓝天原味 | 维波罗瓦 | 法国灰雁 | 苏联红牌 | 苏联绿牌 |

六、伏特加的饮用和保存

（一）伏特加酒的饮用

1. 净饮

净饮时，备一杯凉水，伏特加常温。一边喝伏特加一边喝凉水。快饮（干杯）是其主要的饮用方式。还有很多人喜欢冰镇后干饮，饮用后口中冰火两重天，有说不出的痛快感。

2. 加冰

伏特加加冰饮用，在古典杯中放少量冰块和伏特加混合，另外加一片柠檬。

3. 兑饮

可加苏打水、果汁饮料和番茄汁，或用于调制鸡尾酒。由于伏特加纯正、没有杂味，使其具有易与各种饮料混合的特性，很适宜作为调制鸡尾酒的基酒，比较著名的有黑色俄罗斯、螺丝刀、血腥玛丽等。在各种调制鸡尾酒的基酒中，伏特加是最具有灵活性、适应性和变通性的一种酒。

4. 标准分量

伏特加的饮用标准分量为每位客人 40 mL（1.5 oz）。用一口杯或古典杯服侍，可作佐餐酒或餐后酒。

（二）伏特加的保存

伏特加属于烈酒，而烈酒对保存条件的要求并不高，只要密封不出问题，在常温常态下可以长久保存。

任务四　认识朗姆酒

朗姆酒认知

一、朗姆酒的含义

朗姆酒（Rum）也称糖酒，是制糖业的一种副产品，以蔗糖为原料，先制成糖蜜，然后再经发酵、蒸馏，在橡木桶中储存 3 年以上。其特点是具有甘蔗香气。产于盛产甘蔗及蔗糖的地区，如牙买加、古巴、海地、多米尼加、波多黎各、圭亚那等加勒比海国家，其中以牙买加、古巴生产的朗姆酒最为有名。

二、朗姆酒的起源

关于朗姆酒的起源有众多说法，有的说是来源于英国海军，他们航行海上，许多人患了坏血病，意外发现一种西印度群岛的酒精饮料可以治愈坏血病，于是开始流行朗姆酒；有的说是源于哥伦布第二次航行美洲，来到古巴，带来了甘蔗的根茎，甘蔗开始在古巴种植，人们挤压出甘蔗汁进行发酵蒸馏，制成了朗姆酒。

无论是哪一种起源说，都与大海、航行有关。事实上，最早接受朗姆酒的人也是那些横行加勒比海的海盗以及寻找新大陆的冒险家。海盗用它驱散寒气，扫尽孤独，战斗前喝上几口可以壮胆，受伤时能为伤口消毒，有些船长还用它来代替工资。

三、朗姆酒的生产工艺

朗姆酒以甘蔗为原料，经榨汁、煮汁得到浓缩的糖，澄清后得到稠糖蜜，经过除糖程序，得到含糖约 5% 的糖蜜，发酵蒸馏后得到 65 ~ 75 度的无色烈性酒，经木桶熟化后，具有香气，排除辛辣，最后勾兑成不同颜色和酒精度的朗姆酒。

（一）酒体轻盈、酒味极干的朗姆酒

此类朗姆酒主要产自西印度群岛属西班牙语系的国家，如古巴、波多黎各、维尔克群岛、多米尼加、墨西哥、委内瑞拉等，其中以古巴朗姆酒最负盛名。

（二）酒体丰厚、酒味浓烈的朗姆酒

此类朗姆酒主要产自古巴、牙买加、马提尼克岛等国家和地区。酒在木桶中陈年的时间为 5 ~ 7 年，有的甚至长达 15 年。有的朗姆酒要在酒液中加焦糖调色剂（如古巴朗姆酒），其色泽呈金黄或深红色。

（三）酒体轻盈、酒味芳香的朗姆酒

此类朗姆酒主要产自古巴、爪哇群岛等国家和地区，其酒香气味是由芳香类药材所致。芳香朗姆酒一般要贮存 10 年左右，较著名的是混血姑娘（Mulata）。

四、朗姆酒的类型

（一）按口味分类

1. 淡朗姆酒

淡朗姆酒无色，味道精致，清淡，是鸡尾酒基酒和兑和其他饮料的原料。

2. 中性朗姆酒

生产时在糖蜜中加水使其发酵，然后仅取出浮在上面澄清的汁液蒸馏，陈化。出售前用淡朗姆酒或浓朗姆酒兑和至合适浓度。

3. 浓朗姆酒

在生产过程中，先让糖蜜放 2 ~ 3 天发酵，加入上次蒸馏留下的残渣或甘蔗渣使其发酵，还可加入其他香料汁液，放在单式蒸馏器中，蒸馏出来后，注入内侧烤过的橡木桶陈化数年。

（二）按颜色分类

1. 白朗姆酒

白朗姆酒也称银朗姆酒，无色或淡色，是指将入桶陈化的原酒经过活性炭过滤，

除去杂味。

2. 金朗姆酒

金朗姆酒是介于白朗姆酒和黑朗姆酒之间的酒液，通常用两种酒混合而成。

3. 黑朗姆酒

黑朗姆酒多产自牙买加，浓褐色，通常用于制作点心，属于浓朗姆酒。

五、主要产地

朗姆酒的主要产地有西印度群岛，以及美国、墨西哥、古巴、牙买加、海地、多米尼加、特立尼达、多巴哥、圭亚那、巴西等国家，其中以牙买加、古巴出产的朗姆酒最负盛名。

（一）古巴

朗姆酒是受古巴人喜爱的一种传统酒，是由酿酒大师将甘蔗蜜糖制得的甘蔗烧酒装进白色橡木桶，经过多年的精心酿制，使其产生出独特的、无与伦比的口味，在国际市场上获得了人们的广泛欢迎。朗姆酒属于天然产品，整个生产过程从对原料的精心挑选，对甘蔗烧酒的陈酿、把关都极其严格。朗姆酒的质量由陈酿时间决定，有一年的也有好几十年的。市面上销售的通常为 3 年或 7 年陈酿，其酒精度分别为 38 度和 40 度。

（二）牙买加

牙买加朗姆酒的历史精彩而有趣。虽然没人知道它的确切起源，但专家认为朗姆酒是在牙买加得以完善的。牙买加朗姆酒以浓烈、独特、用途广泛和品质卓越而闻名于世。牙买加温暖的气候和肥沃的土壤非常适合甘蔗的生长，这种像草一样的植物就是朗姆酒的原料。由牙买加引进国际市场的陈年朗姆酒产品正越来越受到人们的欢迎。目前，牙买加已成为世界最佳朗姆酒的供应大国。

六、著名的朗姆酒

（一）百加得

百加得

1862 年，百加得·马修在古巴购置了一个锡皮屋顶的酿酒小厂，他以自己的名字给该酒厂命名，并以夫人玛利亚创作的蝙蝠作为商标，从此开启了百加得（Bacardi）的成名之路。百加得朗姆酒口感柔和、清淡滑爽，伴随着蝙蝠这一极具灵性的标志迅速深入人心，成为最受人们青睐的朗姆酒之一。1888 年，百加得成为西班牙王室用酒，赢得了"王者的朗姆，朗姆中的王者"的美誉。

（二）哈瓦那俱乐部

哈瓦那俱乐部（Havana Club）酒厂设在哈瓦那附近的一座小镇上。作为古巴朗姆酒的杰出代表，哈瓦那俱乐部是古巴历史和文化不可或缺的一部分，也是世界上发展最快的朗姆酒之一。经过古巴传统方法醇化的哈瓦那俱乐部呈现出清爽独特的口感和芳香。

（三）美雅士

美雅士（Myers's Rum）是牙买加最上等的朗姆酒，并获优质金章奖。美雅士浓郁丰富的酒味，是选用陈酿 5 年以上、品质最出众的朗姆酒调配而成，与汽水或柑橘酒混饮，配搭完美。

（四）摩根船长

摩根船长（Captain Morgan）是一款富有强烈岛国风味的朗姆酒，其名字的由来与一位船长有关。17 世纪中叶，亨利·摩根船长是加勒比海上的传奇人物，他接受过各种荣誉，包括海军上将、爵士，以及牙买加的副行政长官。摩根船长朗姆酒以他的名字命名，以突出此酒的特质，适合追求刺激、冒险及乐趣的饮家品尝。摩根船长朗姆酒有三种款式且各具特色：①摩根船长金朗姆酒，酒味香甜；②摩根船长白朗姆酒，以软滑著称；③摩根船长黑朗姆酒，醇厚馥郁。

（五）混血姑娘

混血姑娘（Mulata）是由古巴维亚克拉拉圣菲朗姆酒公司出品。将蒸馏后的酒置于橡木桶内熟成，有多种香型和口味。混血姑娘是西班牙的白色人种和非洲的黑色人种生育的姑娘。西班牙人的浪漫与多情和非洲人的热烈与奔放；欧洲人特有的细腻和温柔与非洲人的大胆和狂野在混血姑娘身上得到完美的体现。混血姑娘与其他品牌相比有其独到之处：①用姑娘的头像做商标的朗姆酒独此一家；②混血姑娘品牌极具古巴特色；③能反映朗姆酒是带给人激情和浪漫的佳酿；④自然地让姑娘与朗姆酒和男人结缘。

　　百加得　　　　哈瓦那俱乐部　　　　美雅士　　　　摩根船长　　　　混血姑娘

七、朗姆酒的饮用和保存

（一）朗姆酒的饮用与服务

1. 净饮

陈年浓香型朗姆酒可作为餐后酒净饮，净饮时一般用利口杯。

2. 加冰

朗姆酒可加冰饮用，加冰时用古典杯。

3. 兑饮

朗姆酒具有提高水果类饮品味道的功能，是调制鸡尾酒的重要基酒，尤其是白色淡香型朗姆酒，非常适宜做调制混合酒的基酒。朗姆酒可用来兑果汁饮料、碳酸饮料，并加冰块一起饮用。朗姆酒和可乐的搭配也十分受欢迎。

4. 标准分量

朗姆酒的饮用标准分量为每份 40 mL（1 oz）。

（二）朗姆酒的保存

朗姆酒属于烈酒，而烈酒对保存条件的要求并不高，只要密封不出问题，在常温常态下可以长久保存。

任务五　认识威士忌

威士忌认知

一、威士忌的含义

威士忌（Whisky / Whiskey）是使用大麦、黑麦、玉米等谷物为原料，经发酵、蒸馏后放入橡木桶中进行酵化而成的烈性蒸馏酒。

二、威士忌的起源

12 世纪，爱尔兰岛上已有一种以大麦作为基本原料生产的蒸馏酒，其蒸馏方法是从西班牙传入爱尔兰的。1171 年，这种酒的酿造技术被带到苏格兰，当时居住在苏格兰北部的盖尔人称这种酒为"生命之水"。"生命之水"即早期威士忌的雏形。

三、威士忌生产工艺

威士忌的酿制工艺过程可分为以下七个步骤：

（一）发芽

首先将去除杂质后的麦类或谷类浸泡在热水中使其发芽，其间所需的时间视麦类或谷类品种的不同而有所差异，一般需要 1～2 周的时间来进行发芽，待其发芽后再将其烘干或使用泥煤熏干，等冷却后再储放大约一个月的时间，发芽的过程即算完成。值得一提的是，在所有的威士忌中，只有苏格兰地区生产的威士忌是使用泥煤将发芽过的麦类或谷类熏干的，因此就赋予了苏格兰威士忌一种独特的风味，即泥煤的烟熏味，而这是其他种类的威士忌所没有的。

（二）磨碎

将存放一个月的发芽麦类或谷类放入特制的不锈钢槽中磨碎并煮熟成汁，大概需要 8～12 h。在磨碎过程中，温度及时间的控制相当重要，过高的温度或过长的时间都会影响麦芽汁（或谷物汁）的品质。

（三）发酵

将冷却后的麦芽汁（或谷物汁）加入酵母菌进行发酵，由于酵母能将麦芽汁（或谷物汁）中的糖转化成酒精，因此在完成发酵过程后会产生酒精度为 5～6 度的液体，此时的液体被称为"Wash"或"Beer"。由于酵母的种类很多，对发酵过程的影响也不尽相同，因此各个不同的威士忌品牌都将其使用的酵母种类及数量视为商业机密。一般来讲，在发酵过程中，威士忌酒厂会使用至少两种不同品种的酵母进行发酵，有的使用的酵母甚至达到 10 种以上。

（四）蒸馏

蒸馏具有浓缩的作用，因此当麦类或谷类经发酵后形成低酒精度的"Beer"后，还需要经过蒸馏的步骤才能形成威士忌，这时的威士忌酒精度为 60～70 度，被称为"新酒"。麦类与谷类原料所使用的蒸馏方式有所不同，由麦类制成的麦芽威士忌采取的是单一蒸馏法，即以单一蒸馏容器进行两次蒸馏，并在第二次蒸馏后将冷凝流出的酒去头掐尾，只取中间的"酒心"部分作为威士忌新酒。另外，由谷类制成的威士忌采用的则是连续式蒸馏法，使用两个蒸馏容器以串联方式，一次进行连续两个阶段的蒸馏过程。各酒厂在筛选"酒心"的量上并无固定统一的比例标准，完全依各自的酒品要求自行决定。通常来说，各酒厂取"酒心"的比例多掌握在 60%～70%，有的酒厂为制造高品质的威士忌，取其纯度最高的部分来使用。如享誉全球的麦卡伦单一麦芽威士忌即是如此，只取 17% 的"酒心"作为酿制威士忌的新酒使用。

（五）陈年

蒸馏后的新酒必须经过陈年的过程，即通过橡木桶的陈酿来吸收植物的天然香气，产生漂亮的琥珀色，同时逐渐降低高浓度酒精的强烈刺激感。目前，苏格兰地区相关法令明文规范了陈年的时间，即每一种酒所标示的酒龄都必须是真实无误的。苏格兰威士忌至少要在橡木酒桶中酝藏 3 年以上才能上市销售。有了这样的严格规定，一方面可以保障消费者的权益，另一方面也为苏格兰地区出产的威士忌在全世界提供了高品质的保障。

（六）混配

由于麦类及谷类原料的品种众多，因此由其所制造的威士忌也存在不同的风味，这就得靠各个酒厂的调酒大师依自己的经验和本品牌对酒质的要求，按照一定的比例搭配，调配勾兑出自己与众不同的威士忌，当然，各品牌的混配过程及内容都被视为绝对机密，而混配后的威士忌品质的好坏则完全由品酒专家及消费者判定。需要说明的是，这里所说的"混配"包含两层含义，即谷类与麦类原酒的混配、不同陈酿年代原酒的勾兑混配。

（七）装瓶

在混配的工艺完成后，剩下的就是装瓶了。装瓶之前先要将混配好的威士忌再过滤一次，将其杂质去除掉，然后由自动化的装瓶机器将威士忌按固定的容量分装至每一个酒瓶中，最后再贴上各自厂家的商标后即可装箱出售。

四、主要产地

（一）苏格兰

苏格兰威士忌在苏格兰有四个产区，即高地、低地、康倍尔镇和伊莱，这四个产区出产的威士忌各有其独特的风格。苏格兰威士忌分为单一麦芽威士忌、调和威士忌和纯麦威士忌。其中单一麦芽威士忌是指百分之百以大麦芽酿造，并由同一家酒厂酿制，且必须全程使用最传统的蒸馏器，不添加任何其他酒厂的产品，香气最重，口感最复杂，是最纯净的威士忌。调和威士忌是由纯麦威士忌加入其他谷物威士忌调和而成。纯麦威士忌是百分之百以大麦芽酿造，由数家酒厂的单一麦芽威士忌调制而成，香气较重，价格较贵。

（二）爱尔兰

爱尔兰威士忌是以 80% 的大麦为主要原料，混以小麦、黑麦、燕麦、玉米等配料，制作程序与苏格兰威士忌大致相同，但不像苏格兰威士忌那样要进行复杂的勾兑。另外，爱尔兰威士忌在口味上没有那种烟熏味道，是因为在熏麦芽时所用的不是泥煤而是无烟煤。爱尔兰威士忌陈酿时间为 8 ~ 15 年，成熟度也较高，因此口味较绵柔长润，并略带甜味。

（三）美国

说到美国威士忌的代表，自然是波本威士忌，其产量占了美国威士忌总产量的一半。波本是位于美国肯塔基州的一个县城，是美国最先使用玉米做原料酿造出威士忌的地方。虽然今天的波本威士忌产地已扩大到马里兰州、印第安纳州、伊利诺伊州等地，可一半以上的波本威士忌仍然产自肯塔基州。波本威士忌酒精度为 40 ~ 50 度，玉米含量至少 51%，但最多不超过 75%。波本威士忌的口味与苏格兰威士忌有很大的区别。由于波本威士忌被蕴藏于烘烤过的橡木桶内，使其产生出一种独特的丰富香味。波本威士忌的佼佼者是占边和杰克·丹尼。

（四）加拿大

加拿大生产威士忌酒已有 200 多年的历史，其著名产品是稞麦（黑麦）威士忌和混合威士忌。加拿大于 18 世纪中叶开始生产威士忌，那时只生产稞麦威士忌，酒性强烈。稞麦威士忌中稞麦（黑麦）是主要原料，占 51% 以上，再配以大麦芽及其他谷类组成，此酒经发酵、蒸馏、勾兑等工艺，并在白橡木桶中陈酿至少 3 年（一般达到 4 ~ 6 年）才能出品。19 世纪以后，加拿大从英国引进连续式蒸馏器，开始生产由大量玉米制成的威士忌，但口味较清淡。20 世纪后，美国实施禁酒令，很多美国酒厂纷纷迁往加拿大，因此加拿大威士忌得到了蓬勃发展。总体来说，加拿大威士忌酒在原料、酿造方法及酒体风格等方面与美国威士忌酒比较相似，口味细腻，酒体轻盈淡雅，酒精度一般在40度以上，特别适宜作为混合酒的基酒使用。

（五）日本

日本威士忌款式很多，其酒味近似苏格兰威士忌，只是少了烟熏味。日本威士忌起源于1871年，是维新运动的成果之一，而最早量产威士忌的厂商三得利（Suntory）则是日本最具代表的威士忌品牌。

五、著名威士忌品牌

（一）麦卡伦纯麦

麦卡伦纯麦（Macallan 12 years）是世界上最珍贵的威士忌。麦卡伦酒厂坐落于苏格兰斯佩塞产区，从18世纪末开始酿制威士忌，有"纯麦威士忌中的劳斯莱斯"的美誉。麦卡伦纯麦最大的特点是使用精选大麦为原料，坚持用西班牙特制的雪莉橡木桶陈酿，酒液呈天然麦芽色，带有水果、奶油糖和橡木等香气，入口温润、香甜。

（二）格兰菲迪

格兰菲迪（Glenfiddich）酒厂由威廉·格兰于1886年在苏格兰高地的斯佩塞创建。斯佩塞拥有清澈甘冽的乐比多泉水，金黄饱满的大麦，清新的高原空气，为酿造高品质威士忌提供了完美的自然条件。完美的麦芽、精致的工艺、勤奋和对传统的执着，使得这个家族生产的麦芽威士忌异乎寻常如水般纯净。时至今日，格兰菲迪行销全球近200多个国家，是最受世人欢迎的单一麦芽威士忌。这种威士忌存放于新橡木桶中12年，有一种新鲜、带洋梨味的芳香，其口感时而透出精致松木和泥炭味，独特且匀称。

（三）芝华士

芝华士（Chivas Regal）产自苏格兰斯佩塞流域，借助其首席酿酒大师科林·斯科特的调和艺术，将谷物和麦芽威士忌进行调和，更有弥足珍贵的斯特拉赛斯拉（Strathisla）麦芽威士忌作为原料基酒，足以保证其在口味上的纯正和品质上的完美无瑕。

麦卡伦纯麦　　　　　格兰菲迪　　　　　芝华士

（四）尊美醇爱尔兰

尊美醇爱尔兰（Jameson）产于爱尔兰，储藏于优质的西班牙甜雪利酒桶和美国波本酒桶，长达7年的成熟期，经三次蒸馏制成，口感柔滑，由约翰·詹姆斯父子公司在爱尔兰酿造和灌装。1780年，创始人约翰·尊美醇在爱尔兰都柏林建立了都柏林蒸馏厂，驰名世界的尊美醇爱尔兰威士忌就此诞生。作为爱尔兰威士忌的杰出代表，尊美醇威士忌富含大麦清香，彰显出爱尔兰威士忌的独特风味。

（五）杰克·丹尼

杰克·丹尼（Jack Daniel's）来自美国田纳西州，由杰克·丹尼酒厂蒸馏及灌装，秉承自创始人杰克·丹尼的酿酒传统及承诺，相传已七代，经典酒质，屡获殊荣。杰克·丹尼作为世界知名的酒类品牌，多年来高居全球美国威士忌销量冠军。

（六）占边波本

从1795年至今，占边波本（Jim Beam）由一个家族世代相传，独特的酿造手法不断精进。占边波本出产于美国肯塔基州波本镇，酒液中与生俱来渗透着美国精神。自家族创始人雅各布·比姆卖出第一桶波本威士忌以来，比姆家族已将占边波本演化成为一种杰出的艺术品世代相传。1933年美国取消禁酒令至今，占边品牌已销售了1 000万桶，相当于300亿箱波本威士忌。占边波本不仅是美国销量第一的威士忌品牌，也是全球最为畅销的波本威士忌，被有胆有识之士奉为首选。1964年，美国国会特别通过立法严格规定了波本威士忌的制造标准，并将其命名为美国国酒。

（七）加拿大俱乐部

加拿大俱乐部（Canadian Club）总部位于加拿大安大略省温莎市，坐落在底特律河岸边。加拿大俱乐部畅销全球150多个国家和地区，是世界著名的加拿大威士忌品牌。1898年成为英国维多利亚女王皇室御用酒，并畅销美国。目前，加拿大俱乐部出产的酒款有加拿大俱乐部主席精选100%黑麦、加拿大俱乐部优质1858和加拿大俱乐部经典12年小批量等。

尊美醇爱尔兰　　　杰克·丹尼　　　占边波本　　　加拿大俱乐部

（八）噶玛兰

我国台湾省生产威士忌始于 1984 年，当时是从苏格兰进口原酒后进行调和。直到 2006 年，台湾才开始生产本土威士忌。"噶玛兰"（Kavalan）这个名字取自过去生活在宜兰平原的噶玛兰族。长立方瓶身设计的灵感取自台北 101 大厦。虽是新面孔，噶玛兰出道以来却相当成功，近年来获得了包括吉姆莫里在内的威士忌权威的高度评价。目前，噶玛兰每年生产 900 万瓶威士忌，40% 出口美国和法国。

（九）角瓶威士忌

三得利角瓶威士忌（Suntory Whisky）是以山崎蒸馏厂波本酒桶麦芽原酒和熟成多年的谷物威士忌调配而成。它芬芳甘甜、浓郁醇厚且圆润顺滑。角瓶是以象征长寿福禄的传统龟壳纹样作为瓶身设计的基础。瓶体用日本传统切子玻璃工艺雕刻而成，整个设计充满了东方风韵。"角瓶"现在在日本已经成为威士忌的代名词。角瓶与众不同的口感，精美质感的瓶身，风靡韩国、新加坡、泰国等亚洲国家。

（十）金铃威士忌

金铃威士忌（Bell's Whisky）是英国最受欢迎的威士忌品牌之一，由创立于 1825 年的贝尔公司生产。其产品使用极具平衡感的纯麦芽威士忌为原酒勾兑而成，产品有 Extra Special（标准品）、Bell's Deluxe（12 年）、Bell's Decanter（20 年）、Bell's Royal Reserve（21 年）等多个级别。1851 年，亚瑟·贝尔加入公司，他发挥调配酒的才能创造出贝尔的品牌。

噶玛兰　　　　　角瓶威士忌　　　　　金铃威士忌

六、威士忌饮用与保存

（一）饮用

1. 净饮

净饮时所品尝到的威士忌的风味最浓郁，也最能体现威士忌的特色。

2. 鸡尾酒

刚接触威士忌的人可先品尝柠檬威士忌，习惯威士忌的味道后，再尝试带有较浓威士忌味道的曼哈顿鸡尾酒或教父鸡尾酒等。

3. 加冰

加冰饮用主要是想降低酒精刺激，但也因加冰后降低了酒温而让部分香气闭锁，难以品尝出威士忌原有的风味特色。

4. 加水

加水饮用堪称是全世界最普及的威士忌饮用方式，即使在苏格兰加水饮用也很普遍。加水的主要目的是降低酒精对嗅觉的过度刺激。一般而言，1：1 的比例最适用于 12 年威士忌，低于 12 年，水量要增加，高于 12 年，水量要减少，如果是高于 25 年的威士忌，建议只加一点水，甚或是不需要加水。

（二）保存

威士忌属于蒸馏烈酒，没有保质期的限制，所以只要保存得法，是可以一直存放下去的。保存的时候需要注意避光、避高温。未开封的威士忌至少可以保存 10 年以上，不过瓶中的酒还是会有少量挥发。威士忌（如果用的是木塞）不能像葡萄酒一样平放，否则酒精会腐蚀木塞。但直立放置的酒瓶又会导致木塞长期干燥，容易断裂，所以需要随时有备用酒塞。

任务六　认识白兰地

白兰地认知

一、白兰地的含义

白兰地有狭义和广义之说，从广义上讲，所有以水果为原料发酵蒸馏而成的酒都称为白兰地。从狭义上讲，习惯把以葡萄为原料，经发酵、蒸馏、贮存、调配而成的酒称为白兰地。若以其他水果为原料制成的蒸馏酒，则在白兰地前冠以水果的名称，如苹果白兰地、樱桃白兰地等。

二、白兰地的起源

白兰地起源于法国西南部干邑镇，那里盛产葡萄和葡萄酒。早在 12 世纪，干邑地区生产的葡萄酒就已经销往欧洲各国，外国商船也常到夏朗德省滨海口岸购买葡萄酒。约 16 世纪中叶，为便于葡萄酒的出口，减少海运船舱占用空间及大批出口所需缴纳的税金，同时也为避免因长途运输发生葡萄酒变质现象，干邑镇的酒商就把葡萄酒加以蒸馏浓缩后出口，然后输入国的厂家再按比例兑水稀释后出售。这种把葡萄酒蒸馏后制成的酒即为早期的法国白兰地。当时，荷兰人称这种酒为"Brandewijn"，意思是"燃烧的葡萄酒"。

17 世纪初，法国其他地区也效仿干邑镇的工艺蒸馏葡萄酒，并由法国逐渐传播到整个欧洲的葡萄酒生产国和世界各地。

1701 年，法国卷入西班牙王位继承战争，法国白兰地也遭到禁运。酒商们不得不将白兰地妥善储藏起来，以待时机。他们利用干邑镇盛产的橡木做成橡木桶，把白兰地储藏在木桶中。1704 年战争结束后，酒商们意外地发现本来无色的白兰地竟然变成了美丽的琥珀色，而且酒没有变质，香味也更浓。从那时起用橡木桶陈酿就成为干邑白兰地的重要制作程序，这种制作工艺也很快传到世界各地。

1887 年后，法国改变了出口外销白兰地的包装，从单一的木桶装变成木桶装和瓶装。随着产品外包装的改进，干邑白兰地的身价也随之提高，销售量稳步上升。法国白兰地可分为干邑和雅马邑两大产区。由于干邑的产量比较多，因此有人就以干邑来代称法国白兰地。

三、白兰地的生产工艺

白兰地的生产工艺由原料酒酿造、发酵、蒸馏、勾兑调配、陈酿、装瓶六个步骤组成。

（一）原料酒酿造

白兰地原料酒常采用自流汁发酵，原酒应含有较高的滴定酸度，以保证发酵能顺利进行，使有益微生物能充分繁殖，而有害微生物得到抑制。

（二）发酵

发酵温度应控制在 30 ~ 32 ℃，时间为 4 ~ 5 天。当发酵完全停止时，残糖达到 3 g/L 以下，挥发酸度 ≤ 0.05%，在罐内静止澄清，然后将上部清酒与脚酒分开，取出清酒即可进行蒸馏，脚酒单独蒸馏。

（三）蒸馏

蒸馏得到的原白兰地酒精度为 60 ~ 70 度，保持适当量的挥发性物质，以奠定白兰地芳香的物质基础。

（四）勾兑调配

原白兰地是一种半成品，品质较粗，香味尚未圆熟，不能饮用，需先调配，再经橡木桶短时间贮存方可出厂。调配是各白兰地酒厂不同风味的秘密所在。兑酒师通过品尝储藏在桶内的酒来判断酒的品质和风格，并决定勾兑比例，调出各具特色的白兰地。

（五）陈酿

白兰地需要在橡木桶里经过多年的自然陈酿，目的是改善产品的色、香、味，使其达到成熟完善的程度。在贮存过程中，橡木桶中的单宁、色素等物质溶入酒中，使酒的颜色逐渐转变为金黄色。

（六）装瓶

白兰地经过前面五个步骤后即可装瓶出厂。

四、白兰地的等级

法国政府为保证酒质，制订了严格的监督管理措施，将干邑酒分为三级。第一级为三星级（V.S），酒龄至少2年。这种三星白兰地曾经盛行一时。由于竞争，各酒厂都想方设法不断提高质量，增加桶贮年份，这就需要寻找一种新的表示方法。20世纪70年代，开始使用字母来区分酒质。因此第二级都是用法文的大写字母来代表酒质优劣，例如E代表Especial（特别的），F代表Fine（好），O代表Old（老的），S代表Superior（上好的），P代表Pale（淡的），X代表Extra（格外的），C代表Cognac（干邑）。V.S.O.P意思是Very Superior Old Pale，酒龄不少于4年。第三级为拿破仑（Napoleon），酒龄不少于6年。凡是大于10年酒龄的称为X.O，意思是特醇；凡是大于20年的称顶级（Paradis），或称路易十三（Louis XIII）。需要说明的是，以上等级标志仅仅表示每个等级中酒的最低酒龄，至于参与混配的酒的最高酒龄，在标志中则看不出来。也就是说，一瓶X.O级白兰地，用以混配的每种蒸馏葡萄酒，在橡木桶中的贮存期都必须在10年以上，其中贮存年份最长的，可能是20年以上，也可能是40～50年，但究竟是多少年无法知晓，由各酒厂自行掌握。一瓶酒的年份及价值除了等级标志，同时还能从商标的等级上反映出来，因为只有老牌子的酒厂才会有贮存年份很久的老龄酒，酒厂要保持自己的品牌，只有以保证质量来赢得顾客的信任。

目前，法国干邑地区出产的白兰地按照酒龄（基酒在橡木桶内的陈年时间），由低至高分为以下几个等级：

（一）V.S

基酒桶陈至少2年。

（二）Superior

基酒桶陈至少3年。

（三）V.S.O.P

基酒桶陈至少4年。

（四）V.V.S.O.P/Grande Reserve

基酒桶陈至少5年。

（五）Napoleon

基酒桶陈至少6年。Napoleon这一等级是由干邑品牌生产商菲利克斯·库瓦瑟创造的，主要作为一种营销手段，而后才作为一个等级设定。

（六）X.O

基酒桶陈至少10年。

（七）Extra/Royal/Or

Extra/Royal/Or等级的白兰地，酒龄为15～20年，此等级的白兰地有些已经开始用水晶瓶装瓶了，所以在收藏的价值上可以说是更上一层楼。

（八）Collection

Collection 是白兰地中的最高等级，酒龄在 20 年以上，有些甚至高达 50 年，如人头马路易十三，标榜着长达半世纪的典藏，价值非凡。

值得注意的是，大部分著名品牌的 V.S 标志中所表示的瓶中所装酒的酒龄为 4 ~ 6 年；V.S.O.P 等级干邑的酒龄为 7 ~ 12 年，Napoleon 为 15 年；X.O 为 25 年，Extra 为 35 年，Collection 为 50 ~ 60 年。

五、白兰地的主要产地

（一）法国

法国出产的白兰地堪称世界白兰地之最。法国白兰地中，干邑和雅邑两地所产的白兰地最出色，干邑和雅邑出产的白兰地都以其地名来命名，所以在提到白兰地时，"法国干邑""法国雅邑"就成为这两地出产的白兰地的代名词。

1. 干邑地区

干邑地区共分为六个种植区，所产酒的品质也各有高低。按顺序排列为：

1 级：大香槟区（Grande Champagne）；

2 级：小香槟区（Petite Champagne）；

3 级：边林区（Borderies）；

4 级：优质林区（Fine Bois）；

5 级：良质林区（Bons Bois）；

6 级：普通林区（Bois Ordinaires）。

2. 雅邑地区

雅邑地区位于法国南部，靠近比利牛斯山附近。冬天，从比利牛斯山会吹来很冷的寒风；夏天，又有很强的阳光，和温暖的干邑地区相比，无论是在气候还是水土方面都有很大的不同。相比于干邑白兰地，雅邑白兰地知名度远不如前者。雅邑和干邑风格各异，干邑更加醇厚遒劲，而雅邑则清淡怡人，因此有"雅邑——女士风采""干邑——男士风范"的说法。

1909 年，法国政府颁布法令，规定只有雅邑的下雅邑区、拿瑞兹区、上雅邑区这三个地区才能生产雅邑白兰地。

（二）中国

白兰地在中国的生产历史悠久，《本草纲目》中就记载了中国古代制作白兰地的方法。现代意义上的中国白兰地最初是由中国第一家民族葡萄酒企业——张裕葡萄酿酒公司生产的。

中国近代著名爱国侨领、华侨实业家张弼士是广东大埔县人，在南洋经商 30 余年，其间曾任清政府驻槟榔领事、新加坡总领事。张弼士有生之年力主"实业兴邦""振兴商务"，深受清政府的重视。1892 年，张弼士看中与法国波尔多地区纬度相同的烟台，出巨资在烟台创办了张裕葡萄酿酒公司，成为以工业方式在中国酿造葡萄酒的第一人。1915 年，张裕葡萄酿酒公司出产的可雅白兰地在首届巴拿马太平洋万国博览会上获得金奖，从此中国有了自己的优质白兰地，可雅白兰地也从此更名为金奖白兰地，开中国白兰地之先河。

（三）意大利

意大利白兰地有着悠久的历史。早在 12 世纪，意大利半岛就已经出现了蒸馏酒，这样看来，意大利生产白兰地的历史应该比法国还要早。

意大利白兰地品质较好，口味都比较浓重，饮用时最好加入冰块或水，这样可以冲淡酒的烈性，更适合饮用。意大利的葡萄蒸馏酒原来称为"干邑"，1948 年改用"白兰地"的名称，并且实行了与法国干邑相统一的标准。意大利白兰地的主要生产区是北部的艾米利亚罗马涅、威尼托和皮埃蒙特。此外，还有西西里岛和坎帕尼亚。

（四）希腊

希腊白兰地颇负盛名，是生产白兰地历史最悠久的国家之一。希腊的白兰地生产比较普遍，无论是本土还是爱琴海诸岛都有。希腊白兰地所采用的葡萄以白色的沙巴铁阿为主，有时也用红葡萄作原料。希腊白兰地要贮存 3 年以上才可以装瓶出售。

梅塔莎（Metaxa）是希腊最有名的白兰地，该酒厂建于 1888 年，以厂名定酒名。在它的标签上还有一个特别之处，就是用 7 颗五角星表示陈年的久远，这在世界其他国家酒类中是不多见的。希腊白兰地口味清美甜润，用焦糖着色，因此酒色较深。

（五）西班牙

如果单就酒的品质而言，西班牙白兰地仅次于法国白兰地。西班牙是欧洲最早出现蒸馏酒的国家之一。中世纪时期，统治西班牙的摩尔人的炼金术士发现了蒸馏酒的方法。不过，现代意义上的白兰地生产则是从近代才开始的。

西班牙白兰地的制造方式是采用连续式的蒸馏器生产。西班牙人将雪利酒作为原料酒来生产白兰地，先将雪利酒蒸馏，再用曾经盛装过雪利酒的橡木桶贮存，酿制出来的白兰地口味与法国干邑和雅邑白兰地大不相同，具有较显著的甜味和土壤气息。

（六）日本

日本出产白兰地已有 100 多年的历史。由于日本人比较喜欢饮用威士忌，因此对白兰地并不十分重视，但日本出产的白兰地品质还是很不错的，较为著名的品牌有大黑天鹅牌白兰地、三得利 V.S.O.P、三得利 X.O 等。

（七）葡萄牙

葡萄牙白兰地是用雪利酒蒸馏而成的，与西班牙白兰地十分相似。葡萄牙最初生产白兰地是为其甜葡萄酒的生产服务的。后来，为使葡萄酒和白兰地的生产各司其职，葡萄牙政府制定了一项法令：生产甜葡萄酒的产区不准生产白兰地，白兰地由专门产地生产，专门生产的白兰地高产质优，深受欢迎。

（八）南非

南非是全球白兰地出产最多的国家之一，其白兰地产区从好望角东北部开始，一直延续到中部地区。

南非白兰地酿造技术悠久，其口感一点儿也不亚于欧洲任何一个国家出产的白兰地。目前，南非已经成为世界第五大白兰地生产国，白兰地已成为南非的国酒之一。

南非每年酿造 6 000 万加仑的白兰地，其中 10% 主要销往加拿大、马来西亚、英国、德国等国家和地区，其中英国是最大的进口国。

（九）秘鲁

秘鲁生产白兰地的历史悠久。在秘鲁，白兰地被称为"Pisco"，是以秘鲁南方同名的皮斯科港口的名字命名的，以该港口附近的伊卡尔山谷中栽培的葡萄为原料，酿制出白葡萄酒后再蒸馏而成。采用陶罐贮存，而不是橡木酒桶，贮存期限也很短，风格中有明显的酸涩感。

（十）美国

美国生产白兰地已有 200 多年的历史，现在其制造方式均采用连续式蒸馏，其风味属于清淡类型。

在美国酒类市场上，白兰地的销售量占第三位。美国产的白兰地中，以加利福尼亚州出产的为最多，占全美总产量的 4/5。单就白兰地的产量而言，加利福尼亚州出产的白兰地就比法国的总产量还要多。

美国出产的白兰地可分三类：第一类是佐餐酒；第二类是高级白兰地；第三类是烈性白兰地。在美国，除了加利福尼亚州出产白兰地外，新泽西、纽约、华盛顿等地也出产白兰地。

美国最著名的白兰地品牌是邑爵。邑爵白兰地不但位居美国白兰地销售之冠，也是世界销售量排行第五的白兰地品牌。邑爵白兰地是在以烧焦、干燥处理过的白橡木桶内陈酿的，其口感柔顺，浓郁香醇。

六、著名的白兰地品牌

目前，比较有名的白兰地有人头马系列、轩尼诗系列、马爹利系列、拿破仑系列、卡慕系列。

（一）人头马 V.S.O.P

人头马 V.S.O.P（Remy Martin V.S.O.P）100% 来自法国干邑区的大香槟区和小香槟区，是全球最受欢迎的特优香槟干邑。创始人是雷米·马丁。

（二）轩尼诗 V.S.O.P

轩尼诗 V.S.O.P（Hennessy V.S.O.P）由60余种出自法国干邑地区四大顶级葡萄产区的"生命之水"谱合而成，19世纪末成为整个干邑世界的品质标准。轩尼诗 V.S.O.P 拥有和谐而含蓄的滋味，酒质细致，散发着高雅的成熟魅力。创始人是李察·轩尼诗。

（三）马爹利蓝带

马爹利蓝带（Martell Cordon Bleu）是1912年爱德华·马爹利的倾情力作，由200余种"生命之水"精心淬炼而成，醉人的紫罗兰芬芳，无双的醇厚口感，演绎出"独具慧眼、领悟非凡"的卓然个性。创始人是尚·马爹利。

（四）拿破仑 V.S.O.P

拿破仑 V.S.O.P（Courvoisier Cognac V.S.O.P）是比较年轻的干邑，充满现代感，高雅摩登的瓶身设计给人与众不同的感觉。它是法国干邑区名酿，产销到全球160多个国家和地区，获得过许多奖牌。创始人是爱曼奴尔·库瓦西耶。

（五）卡慕 V.S.O.P

卡慕 V.S.O.P（Camus V.S.O.P）属于陈年干邑白兰地，融合50多种来自所有主要分区的干邑，在橡木桶内贮存年份比法定要求更长，酒味芬香醇厚，入口圆润顺滑，达到完美的平衡，曾获得"国王的最爱"的雅号。创始人是让·巴蒂斯特·加缪。

人头马　　　　　　轩尼诗　　　　　　马爹利蓝带　　　　　拿破仑　　　　　　卡慕

七、白兰地的饮用与保存

（一）饮用

1. 净饮

净饮适用于陈年上佳的白兰地，越是高等级的白兰地越是如此。享用白兰地的最好方法就是不添加任何东西。用白兰地杯倒少量白兰地，另外用水杯配一杯冰水。喝时用手掌握住白兰地杯壁，让手掌的温度经过酒杯稍微暖和一下白兰地，让其香味挥发充满整个酒杯。边闻边喝，才能真正地享受饮用白兰地的奥妙。每喝完一小口白兰地就喝一口冰水，清新味觉能使下一口白兰地的味道更香醇。当呼吸一口气时，白兰地的芬芳会久久停留在嘴中。

2. 加水或加冰

饮用一般品质的白兰地，可以加水或加冰。中国人多喜欢加冰。

3. 混合

许多女士喜欢把酒与饮料混合在一起喝。常见的有白兰地加可乐。在一个杯子中放入半杯冰块，少量的白兰地，比酒多一些的可乐，用小匙搅拌一下即可饮用。白兰地还可以与其他饮料混合调制成鸡尾酒。

4. 杯具

品尝或饮用白兰地用白兰地杯。杯子实际容量虽然很大（240～300 mL），但倒入酒量不宜过多（约30 mL），以杯子横放，酒在杯腹中不溢出为宜。

5. 标准分量

白兰地的标准分量是每份25 mL或1 oz（约30 mL）。

（二）白兰地的保存

白兰地是一种蒸馏酒，不需要放在冰箱里保存，室温保存即可，但需要注意以下事项：

①不可直接照射阳光。

②不可置于高温处（易蒸发），也不可置于汽车、机车车厢内，否则会有爆瓶的危险。

③因瓶盖为软木塞，每隔一段时间需将酒瓶平放，让软木塞保持湿润，以避免开瓶时软木塞断裂于瓶头内（陶瓷瓶除外）。

④白兰地无保存期限，但存放时间过久，酒体会蒸发。

⑤白兰地的最佳饮用时间为购入后3年内。

⑥白兰地装瓶后即无陈年一说，陈年的计算是以存放于橡木桶的时间为依据的。

任务七　认识中国白酒

中国白酒认知

一、白酒的含义

白酒也称烧酒、老白干、烧刀子，是指以曲类、酒母为糖化发酵剂，利用淀粉质（糖质）为原料，经蒸煮、糖化、发酵、蒸馏、陈酿和勾兑而成的烈性酒。中国白酒从黄酒演化而来，虽然古代人民早已利用酒曲及酒药酿酒，但在蒸馏器具出现以前还只能酿造酒精度较低的黄酒。蒸馏器具出现以后，用酒曲及酒药酿出的酒再经过蒸馏，可以得到酒精度较高的蒸馏酒，即白酒。白酒酒质无色（或微黄）透明，气味芳香纯正，入口绵甜爽净，酒精含量较高，经贮存老熟后，具有以酯类为主体的复合香味。

优质白酒必须有适当的贮存期。泸型白酒至少贮存 3 ~ 6 个月，多为 1 年以上；汾型白酒贮存期在 1 年左右；茅型白酒贮存期在 3 年以上。《本草纲目》记载：烧酒非古法也，自元时创始，其法用浓酒和糟入甑，蒸令气上，用器滴露。由此可见，我国白酒的生产已有很长的历史。我国白酒酒精度一般都在 40 度以上，也有 40 度以下的低度酒。

我国白酒酒液清澈透明，质地纯净、无混浊，口味芳香浓郁、醇和柔绵、刺激性较强，饮后余香，回味悠久。我国各地区均有生产，以山西、四川及贵州等地出产的最为有名。

二、白酒的成分

白酒的主要成分是乙醇和水（占总量的 98% ~ 99%），而溶于其中的酸、酯、醇、醛等种类众多的微量有机化合物（占总量的 1% ~ 2%）作为白酒的呈香呈味物质，决定着白酒的风格和质量。

（一）乙醇

乙醇俗称酒精，是白酒中除水之外含量最高的成分，微呈甜味。乙醇含量的高低决定了酒的度数，含量越高，酒精度越高，酒性越烈。其分子式为 $CH_3—CH_2—OH$，分子量为 46。糖转化成乙醇的化学反应式为 $C_6H_{12}O_6 —— 2CH_3CH_2OH+2CO_2$。

（二）酸类

酸类主要是乳酸、乙酸、丁酸和己酸等有机酸类。它们影响白酒的口感和后味，是影响口味的主要因素。

酸类是白酒中的重要呈味物质，它与其他香、味物质共同组成白酒所特有的芳香。含酸量少的酒，酒味寡淡，后味短；如酸味大，则酒味粗糙。适量的酸在酒中能起到缓冲作用，可消除饮后上头、口味不谐调等现象。酸还能促进酒的甜味感，但过酸的酒甜味减少，也影响口感。优质白酒一般酸的含量较高，约高于普通白酒一倍，超过普通液态酒两倍。酸量不足，将使酒缺乏白酒固有的风味，酸量过高会出现一些杂味，会降低酒的质量。因此行业规定白酒含酸量最高不超过 0.1%。

（三）酯类

白酒中的香味物质数量最多，影响最大的是酯类。一般优质白酒的酯类含量都比较高，平均为 0.2% ~ 0.6%，而普通白酒在 0.1% 以下，所以优质白酒的香味比普通白酒浓郁。

白酒中的酯类主要包括醋酸乙酯、丁酸乙酯、乙酸乙酯、醋酸戊酯、丁酸戊酯、乳酸乙酯等。

（四）醛类

白酒中的醛类包括甲醛、乙醛、糠醛、丁醛和戊醛等。

少量的乙醛是白酒中有益的香气成分。一般优质白酒每百毫升乙醛含量超过 20 mg。乙醛与乙醇进一步缩合成乙缩醛，含量更大，有的优质白酒能达到 100 mg 以上，成为白酒的主要成分之一。这两种成分在优质酒中的含量比普通白酒高 2 ~ 3 倍，有清香味，能增强口味。

三、白酒的分类

中华人民共和国成立后，用"白酒"代替了以前使用的"烧酒""高粱酒"等名称。由于酿酒原料多种多样，酿造方法也各有特色，酒的香气特征各有千秋，故白酒分类方法有很多。

（一）按所用酒曲和主要工艺分类

按所用酒曲和主要工艺，可将白酒分为固态法白酒、固液结合法白酒和液态法白酒三类。

类　型	细　分	特　点
固态法白酒	大曲酒	以大曲为糖化发酵剂,大曲的原料主要是小麦、大麦,加上一定数量的豌豆。大曲可分为中温曲、高温曲和超高温曲。一般是固态发酵,大曲酒所酿的酒质量较好,多数名优酒均以大曲酿制
	小曲酒	小曲是以稻米为原料制成的,多采用半固态发酵,南方的白酒多是小曲酒
	麸曲酒	此类白酒是中华人民共和国成立后在烟台操作法的基础上发展起来的,分别以纯培养的曲霉菌和纯培养的酒母作为糖化、发酵剂,发酵时间较短。由于生产成本较低,为多数酒厂所采用,此种类型的酒产量最大,以大众为消费对象
	混曲法白酒	主要是大曲和小曲混用所酿成的酒
	其他糖化剂法白酒	是指以糖化酶为糖化剂,加酿酒活性干酵母（或生香酵母）发酵酿制而成的白酒
固液结合法白酒	半固、半液发酵法白酒	此类白酒是以大米为原料,小曲为糖化发酵剂,先在固态条件下糖化,再于半固态、半液态下发酵,而后蒸馏制成的白酒,典型代表有桂林三花酒等

续表

类　型	细　分	特　点
固液结合法白酒	串香白酒	此类白酒采用串香工艺制成，典型代表有四川沱牌酒等。还有一种香精串蒸法白酒，此酒在香醅中加入香精后串蒸而成
	勾兑白酒	此类白酒是将固态法白酒（不少于10%）与液态法白酒或食用酒精按适当比例勾兑而成
液态法白酒		也称一步法白酒，生产工艺类似于酒精生产，但吸取了白酒的一些传统工艺，酒质一般较为淡泊，有的工艺会采用生香酵母加以弥补

（二）按酒的香型分类

1979年全国第三次评酒会上首次提出，按酒的香型可将白酒划分为五大类，即酱香型、浓香型、清香型、米香型和其他香型。

目前，我国白酒已发展成十二大香型。浓香型、酱香型、清香型、米香型为四种基本香型，而老白干香型、芝麻香型、豉香型、药香型、兼香型、特香型、凤香型、馥郁香型这八种香型是由基本香型中的一种或多种香型在工艺的揉和下衍生出来的独特香型。

类　型	特　点	典型代表
浓香型	酿酒原料：高粱、大米、小麦、糯米、玉米 糖化发酵剂：中偏高温大曲 发酵时间：45～90天 发酵设备：泥窖 工艺特点：泥窖固态发酵，续糟配料，混蒸混烧 典型风格：窖香浓郁，绵甜甘冽，香味谐调，回味悠长	泸州老窖特曲、宜宾五粮液、剑南春、全兴大曲、沱牌曲酒、古井贡酒、洋河大曲、双沟大曲、宋河粮液
酱香型	酿酒原料：高粱 糖化发酵剂：高温大曲 发酵时间：八轮次发酵（每轮次发酵30天） 发酵设备：石窖 工艺特点：两次投料，多轮次发酵，具有"四高两长"的特点（四高：高温制曲、高温堆积、高温发酵、高温流酒；两长：发酵周期长、贮存时间长） 典型风格：酱香突出，幽雅细腻，醇厚丰满，回味悠长，空杯留香持久	贵州茅台酒、四川郎酒、湖南武陵酒

类　型		特　点	典型代表
清香型	大曲清香	酿酒原料：高粱 糖化发酵剂：中低温大曲 发酵时间：约 28 天 发酵设备：陶瓷地缸 工艺特点：清蒸清烧，地缸固态发酵，清蒸两次 典型风格：无色透明，清香纯正，香味谐调，余味净爽	山西汾酒、河南宝丰酒、武汉黄鹤楼酒
	小曲清香	酿酒原料：高粱或小麦、稻谷 糖化发酵剂：小曲（根霉曲） 发酵时间：四川小清发酵 7 天，云南小清发酵 30 天 发酵设备：水泥池（四川）、小坛、小罐（云南） 工艺特点：清蒸清烧，小曲培菌糖化，酒糟发酵 典型风格：清香纯正，具有粮食小曲特有的清香和糟香，醇和回甜	云南玉林泉、江津老白干、四川峨眉春酒
	麸曲清香	酿酒原料：高粱 糖化发酵剂：麸曲、酒母 发酵时间：4 ~ 7 天 发酵设备：水泥池 工艺特点：清蒸清烧，水泥池固态短期发酵 典型风格：清香纯正，醇和净爽	红星二锅头、牛栏山二锅头
米香型		酿酒原料：大米 糖化发酵剂：小曲 发酵时间：7 ~ 30 天 发酵设备：不锈钢大罐、陶缸 工艺特点：小曲培菌糖化，半固态发酵，釜式蒸馏 典型风格：蜜香清雅，回味怡畅	桂林三花酒、全州湘山酒
老白干香型		酿酒原料：高粱 糖化发酵剂：中温大曲 发酵时间：约 15 天 发酵设备：地缸 工艺特点：地缸固态发酵，混蒸混烧，老五甑工艺 典型风格：醇香优雅，甘洌挺拔	河北衡水老白干酒

续表

类　型		特　点	典型代表
芝麻香型		酿酒原料：高粱 糖化发酵剂：麸曲、大曲 发酵时间：30～45天 发酵设备：水泥池 工艺特点：泥底砖窖，大曲、麸曲结合，清蒸续渣 典型风格：清澈透明，芝麻香突出，幽雅醇厚，甘爽谐调，尾净	山东景芝白干、山东扳倒井、江苏梅兰春
豉香型		酿酒原料：大米 糖化发酵剂：小曲 发酵时间：20天 发酵设备：陶缸、发酵罐 工艺特点：小曲液态发酵，釜式蒸馏，再经陈化处理后的肥猪肉浸泡 典型风格：豉香独特，醇和甘润	广东石湾玉冰烧
药香型		酿酒原料：高粱 糖化发酵剂：大小曲分开用 发酵时间：小曲7天，大曲香醅8个月左右 发酵设备：泥窖 工艺特点：大小曲分开使用，大曲酒醅串蒸工艺 典型风格：酒香、药香谐调，尾净味长	贵州遵义董酒
兼香型	浓兼酱	酿酒原料：高粱 糖化发酵剂：大曲 发酵时间：浓香型发酵60天，酱香型发酵30天 发酵设备：水泥窖、泥窖 工艺特点：酱香、浓香分型发酵产酒，经贮存后按比例调配而成 典型风格：浓香中带酱香，诸味谐调	黑龙江玉泉酒
	酱兼浓	酿酒原料：高粱 糖化发酵剂：高温大曲 发酵时间：九轮次发酵（每轮次发酵30天） 发酵设备：水泥池、砖窖 工艺特点：多轮次发酵，酱香、浓香工艺并用 典型风格：芳香幽雅，酱浓谐调	湖北白云边

续表

类　型	特　点	典型代表
特香型	酿酒原料：大米 糖化发酵剂：大曲（面粉、麦麸、酒糟等按一定比例制曲） 发酵时间：45 天 发酵设备：石窖 工艺特点：红褚条石窖发酵，混蒸混烧，老五甑工艺 典型风格：酒香芬芳、诸味谐调	江西樟树四特酒
凤香型	酿酒原料：高粱 糖化发酵剂：大曲 发酵时间：28 ～ 30 天 发酵设备：新泥窖（每年换新的窖泥） 工艺特点：新泥窖固态发酵，混蒸混烧，续糟老五甑工艺 典型风格：醇香秀雅，诸味谐调	陕西西凤酒
馥郁香型	酿酒原料：高粱、大米、糯米、玉米、小麦 糖化发酵剂：大曲、小曲 发酵时间：30 ～ 60 天 发酵设备：泥窖 工艺特点：大小曲并用，泥窖固态发酵，清蒸清烧 典型风格：芳香秀雅，香味馥郁	湖南吉首酒鬼酒

（三）按酒的质量分类

1. 国家名酒

国家名酒是指由国家评定的质量最高的酒。白酒的国家级评比共进行过 5 次。茅台酒、汾酒、泸州老窖、五粮液等酒在历次国家评酒会上都被评为名酒。

2. 国家级优质酒

国家级优质酒的评比与国家名酒的评比同时进行。

3. 各省部级评比的名优酒

此类酒是由省部级评比出来的名优酒。

4. 一般白酒

一般白酒占白酒产量的绝大多数，价格低廉，为广大群众所接受，有的酒的质量也不错。此类白酒大多是用液态法生产的。

（四）按酒精度的高低分类

1. 高度白酒

酒精度为 50 ~ 65 度的白酒。

2. 中度白酒

酒精度为 40 ~ 49 度的白酒。

3. 低度白酒

酒精度为 40 度以下的白酒，一般不低于 20 度。

四、白酒的命名

白酒的命名要体现其特征、简洁明了、构思独特、响亮上口、简单易记忆、容易产生正面联想。特别是随着白酒同质化竞争的日趋激烈，消费者的眼球成为稀缺的资源，从"消费者请注意"到"请消费者注意"，要求白酒的命名要吸引广大消费者的注意力，尽力塑造出白酒品名个性，缩短与消费者之间的距离。好的白酒命名容易在消费者心目中留下深刻的印象，容易打开市场销路，增强品牌的市场竞争能力，正如孔子所言："名不正，则言不顺；言不顺，则事不成。"

（一）以地名或地方特征命名

以一个地名来作白酒名称或以地方名胜或地方的美丽传说来命名，如贵州茅台酒、山西汾酒、泸州老窖酒、双沟大曲酒、苏酒、皖酒、京酒、黄鹤楼酒、孔府家酒、赤水河酒、杏花村酒、趵突泉酒、板城烧锅酒等。

（二）以生产原料和曲种命名

以生产白酒所用的粮食原料及曲种来命名，如五粮液酒、双沟大曲酒、浏阳河小曲酒、高粱酒、沧州薯干白酒、小高粱酒等。

（三）以生产方式命名

主要是以"坊""窖""池"等作酒名，让人感到此类酒年代久远，有信任感。如泸州老窖酒、水井坊酒、千年酒坊酒、伊力老窖酒、国坊老窖酒、月池酒等。

（四）以诗词歌赋、历史故事命名

如蒙古王酒、杏花人家酒、杏花村酒、大宅门酒、十面埋伏酒、精五门酒、兵马俑酒等。

（五）以帝王将相、才子佳人命名

如两相和酒、曹操酒、宋太祖酒、百年诸葛酒、华佗酒、钟馗酒、秦始皇酒、君临天下酒、太白酒、关公坊酒、文君井酒、屈原大曲酒等。

（六）以佛教道教、仙神鬼怪命名

如老子酒、庄子酒、八卦鸳鸯酒、中国道酒、小糊涂仙酒、酒妖酒、酒鬼酒等。

（七）以历史年代命名

如 1573 酒、1915 酒、百年香江酒、八百岁酒、道光廿五酒、百年皖酒、六百岁酒、

1952晋原酒、清宫酒、永隆弦酒、千秋汾酒等。

（八）以时代特征和场所命名

如剑南国宴酒、国典酒、国藏汾酒、国宾酒、国壮酒、中华鼎酒、国粹酒、中南海酒、钓鱼台酒、人民大会堂酒、蓝色经典酒、神舟酒、世纪金酒、秦邮娇子酒等。

（九）以动、植物命名

如桂花酒、古鹤松酒、红杉树酒、牡丹酒、小狮子酒、小豹子酒、醉猿酒、真龙酒、锦花龙酒、熊猫酒、金狮子酒、红骏马酒等。

（十）以情感命名

有情缘等情感，如今世缘酒、情缘酒、同心结酒、塞北情酒、一饮相思酒、和酒、岁寒三友酒、西部风情酒、随缘酒等；有祝福情感，如千家福酒、喜年喜酒、锦上添花酒、金满人间酒、金六福酒、好日子酒、红双喜酒等；有区域情感，如店小二酒、百年老店酒、醉香江酒、宿迁人酒、黑土地酒、北大荒酒、刘老根酒、庄稼汉酒、军魂酒、老农民酒、草原马王酒、土老帽酒等；有民俗情感，如藏羚羊酒、伊力金酒、王朝奶酒、金骆驼酒、唐古拉酒、隐者醉酒、天寨村酒等。

五、白酒鉴别方法

（一）看包装

在买酒时一定要认真查看该酒的商标名称、色泽、图案以及标签、瓶盖、酒瓶、合格证、礼品盒等方面的信息。好的白酒其标签的印刷十分讲究：纸质精良白净，字体规范清晰，色泽鲜艳均匀，图案套色准确，油墨线条不重叠。真品包装的边缘接缝齐整严密，没有松紧不均、留缝隙的现象。如五粮液的商标和颈标粘贴采用意大利高温烤标技术，同时采用金膏边线，非常牢固。

（二）看瓶盖

目前，我国名白酒的瓶盖大都使用铝质金属防盗盖，其特点是盖体光滑，形状统一，开启方便，盖上图案及文字整齐清楚，对口严密。若是假冒产品，倒过来时往往滴漏而出，盖口不易扭断，而且图案、文字模糊不清。

例如，五粮液的瓶盖采用当今最顶尖的技术保护，贴有3M回归反射防伪胶膜，一般消费者可用肉眼识别：在自然光下，消费者可以清晰地看到白底红字的五粮液防伪标记，然后手持五粮液专用防伪小手电筒，可以看到原有红字五粮液标识隐去标识反射出耀眼夺目的五粮液酒厂厂徽，真伪立即可辨。

（三）看酒瓶

若是无色透明玻璃瓶包装，把酒瓶拿在手中，慢慢地倒置过来，对着光观察瓶的底部，如果有下沉的物质或有云雾状现象，说明酒中杂质较多；如果酒液不失光、不浑浊，没有悬浮物，说明酒的质量比较好。从色泽上看，除酱香型酒外，一般白酒都应该是无色透明的。若酒是瓷瓶或带色玻璃瓶包装，稍微摇动后开启，同样观其色和沉淀物。

（四）闻香辨味

把酒倒入无色透明的玻璃杯中，闻其香气，用鼻子贴近杯口，辨别香气的高低和特点；最后品其味，喝少量酒并在舌面上铺开，分辨味感的薄厚、绵柔、醇和、粗糙以及酸、甜、甘、辣是否谐调，有无余味。由高粱、糯米、大米、小麦和玉米五种粮食酿制而成的五粮液，香气悠久、味醇厚、入口甘美、入喉净爽、各味谐调、恰到好处，为中上等白酒的口感体验。而低档劣质白酒一般是用质量差或发霉的粮食做原料，工艺粗糙，喝着呛嗓、上头。

（五）酒暖生气、油滴沉底

方法一：取几滴白酒放在手心，合掌使两手心接触用力摩擦几下，酒生热后发出的气味清香，则为优质酒；气味发甜，则为中档酒；气味苦臭，则为劣质酒。

方法二：在酒中加一滴食用油，看油在酒中的运动情况。如果油在酒中的扩散比较均匀，并且均匀下沉，则酒的质量较好；如果油在酒中呈不规则扩散状态，且下沉速度变化明显，则可以肯定酒的质量有问题。

六、中国著名白酒品牌

（一）茅台酒

茅台酒是世界三大名酒之一，也是我国三大名酒"茅五剑"之首，已有800多年的历史，是我国大曲酱香型酒的鼻祖，是酿造者以神奇的智慧，提高粱之精，取小麦之魂，采天地之灵气，捕捉特殊环境里不可替代的微生物发酵、糅合、升华酿造而成。茅台酒首次亮相世界舞台与巴拿马运河通航有关。目前，茅台酒厂仍遵从先人流传下来的酿酒工艺进行酿造，在酿制过程中也很少使用到现代的机器，这样酿造出的酒具有酱香突出、幽雅细腻、酒体醇厚丰满、回味悠长、空杯留香持久的特点。

（二）五粮液

五粮液是浓香型大曲酒的典型代表，集天、地、人之灵气，采用传统工艺，精选优质高粱、糯米、大米、小麦和玉米五种粮食酿制而成。具有香气悠久、味醇厚、入口甘美、入喉净爽、各味谐调、恰到好处的独特风格，是当今酒类产品中出类拔萃

茅台酒

五粮液

的精品。五粮液历次蝉联国家名酒金奖，1991 年被评为中国"十大驰名商标"。继 1915 年获巴拿马奖 80 年之后，1995 年又获巴拿马国际贸易博览会酒类唯一金奖。

（三）剑南春

剑南春产于四川省绵竹市，因绵竹在唐代属剑南道，故称"剑南春"，其前身是唐代名酒"剑南烧春"。1958 年，酒厂酿出了"芳、冽、甘、醇"恰到好处，风味更为独特完善的酒，就是今天声誉卓著的中国名酒剑南春。2002 年剑南春佳酿被中国历史博物馆正式收藏，这是历史博物馆继国酒茅台后收藏的唯一历史名酒，并宣布收藏剑南春后将不再收藏任何白酒。

（四）西凤酒

西凤酒产于陕西省凤翔县柳林镇。西凤酒属其他香型（凤型），曾四次被评为国家名酒。西凤酒已形成新口味、新感觉、功能齐全的系列产品，共有高中低度、高中低档 100 多个品种，满足了不同地区、不同口味、不同档次消费者的需求。

（五）洋河大曲

洋河大曲产于江苏省泗阳县。洋河酒历史悠久，起源于两汉兴于唐宋。洋河酒厂依托"三河两湖一湿地"得天独厚的酿酒生态环境和出神入化的酿造工艺，形成了"甜、绵、软、净、香"的独特风格。现洋河大曲的主要品种有洋河大曲、低度洋河大曲（38度）、洋河敦煌大曲、洋河敦煌普曲、洋河蓝色经典。

（六）郎酒

郎酒始于 1903 年，产自川黔交界有"中国美酒河"之称的赤水河畔，已有 100 多年的历史。古蔺郎酒在酿造流程上继承和发扬了传统工艺，采取分两次投料，反复发酵蒸馏，7 次取酒。每次生产周期为 9 个月，每次取酒后分次、分质贮存，封缸密闭，送入天然岩洞天宝洞、地宝洞，3 年后待酒质香甜，再将各次酒勾兑调味，经过质量鉴定合格后方可装瓶包装出厂。

（七）泸州老窖特曲

泸州老窖特曲是我国浓香型白酒的典型代表。1996 年，泸州老窖窖池被国务院确定为我国白酒行业唯一的全国重点保护文物，誉为"国宝窖池"。

| 剑南春 | 西凤酒 | 洋河大曲 | 郎酒 | 泸州老窖特曲 |

（八）汾酒

汾酒是我国清香型白酒的典型代表，以清香、纯正的独特风格著称于世。1915年，汾酒荣获巴拿马万国博览会甲等金质大奖，连续五届被评为国家名酒。汾酒典型风格是入口绵、落口甜、饮后余香，适量饮用能驱风寒、消积滞、促进血液循环。注册商标有杏花村、古井亭、长城、汾牌。

（九）董酒

董酒产于贵州省遵义市，1929—1930年程氏酿酒作坊酿出董公寺窖酒，1942年定名为"董酒"。1957年建立遵义董酒厂，1963年第一次被评为国家名酒，1979年后每次都被评为国家名酒。董酒的香型既不同于浓香型，也不同于酱香型。

（十）中国劲酒

劲牌有限公司始创于1953年，主营产品中国劲酒成为中国保健酒第一品牌。中国劲酒是湖北省大冶市地方特产之一，是从"肾乃先天之本"这一中医理论出发组方配伍而成。中国劲酒能够补肾填精、滋阴壮阳、益气健脾，在补肾的同时注重人体机能的全面调理，通过双向调理以滋养后天之精，不断充实壮大人体生命的动力源泉。适量劲酒加半杯冰块是适合任何时候饮用的最为经典的方法。

汾酒

董酒

中国劲酒

七、白酒的饮用和保存

（一）白酒饮用

白酒的主要成分是酒精和水，乙醇含量越高，酒精度越烈，对人体危害越大。1 g乙醇供热能5 000 cal。饮适量的白酒能使循环系统发生兴奋效能。失眠症者睡前饮少量白酒有利于睡眠，能刺激胃液分泌与唾液分泌，起到健胃的作用。白酒有通风、散寒、舒筋、活血的作用，如红花酒治血瘀性痛经症，龟肉酒治多年咳嗽，蛇血酒补气养血等。长期大量饮用白酒易发生肝硬变、肝癌或偏瘫。

饮用白酒时如同时摄入脂肪、牛奶、甜饮料，乙醇吸收速度会降低；如果同时饮用碳酸饮料，则会加速乙醇吸收。因此合理饮酒应做到：①每日可饮白酒二两，低度酒三两以内；②不要空腹饮酒；③应饮低度酒；④饮酒应吃菜；⑤饮白酒时不要同时饮碳酸饮料（如苏打水、可乐、雪碧等）。

（二）白酒保存

瓶装白酒应选择干燥、清洁、光亮和通风较好的地方，相对湿度在 70% 左右为宜，湿度较高瓶盖易霉烂。白酒贮存的环境温度不宜超过 30 ℃，严禁烟火靠近。容器封口要严密，防止漏酒和跑酒。

任务八　认识葡萄酒

一、葡萄酒的含义

葡萄酒是用葡萄果实或葡萄汁，经过发酵酿制而成的酒精饮料。在水果中，由于葡萄的葡萄糖含量较高，贮存一段时间就会发出酒味，因此人们常常用葡萄酿酒。葡萄酒是目前世界上产量最大、普及最广的单糖酿造酒。早在 6 000 年以前，在盛产葡萄的地中海区域、两河流域的苏美尔人和尼罗河流域的古埃及人就会酿造葡萄酒。

葡萄酒的酒性在很大程度上受土壤、气候及酿酒技巧等因素的影响，而酒的风味则取决于酿酒葡萄的品种。葡萄原产于黑海与里海之间的外高加索地区，直到西汉时才由张骞出使西域带回中国。

世界上大部分葡萄种植区域主要位于南北纬 30 ~ 50 度，该区域气候较为均衡，冷热适中，有足够的日照和适量的降雨，可以酿造出相当精彩的葡萄酒。赤道地区不适合种植葡萄，因为那里气候炎热，阳光过于强烈。两极地区也不适合种植葡萄，因为那里气候过于寒冷，葡萄果实很难成熟，酿出的酒常带有生青味。

二、葡萄酒的起源

（一）没有记载的起源

没有人知道是谁发明了葡萄酒，这可能是一个偶然的发现。在某次收获后，有些葡萄被留在了容器里，经过冬天，天然的酵母和葡萄中的糖把葡萄汁变成了葡萄酒。

（二）可追溯的起源

人们在距今 12 000 多年前的波斯黏土罐里发现了葡萄酒。据说当年波斯国王将葡萄存放在壶内摆入地窖，葡萄发酵后散发的一氧化碳使看守酒窖的奴隶很不舒服，还以为自己中毒了。一个不得宠的妃子寻死时喝了壶里的液体却寻死不成，后来国王宣布今后宫中宴会都要饮用该液体。

（三）葡萄酒最早的记载

葡萄酒最早的记载是以象形文铭刻在泥板上的。约公元前3000年，闪族人（也称闪米特人或塞姆人，是起源于阿拉伯半岛的游牧民族）居住在美索不达米亚南部，他们有职司葡萄酒的女神。

三、葡萄酒的分类

（一）按颜色分类

1. 红葡萄酒

用皮红肉白或皮肉皆红的葡萄带皮发酵而成，酒液中含有果皮或果肉中的有色物质，使之成为以红色调为主的葡萄酒。此类葡萄酒的颜色一般为深宝石红色、宝石红色、紫红色、深红色、棕红色等。

2. 白葡萄酒

用白皮白肉或红皮白肉的葡萄去皮发酵而成。此类葡萄酒的颜色以黄色调为主，主要有近似无色、微黄带绿、浅黄色、禾秆黄色、金黄色等。

3. 桃红葡萄酒

带色葡萄经部分浸出有色物质发酵而成。此类葡萄酒的颜色介于红葡萄酒和白葡萄酒之间，主要有桃红色、浅红色、淡玫瑰红色等。也有部分桃红葡萄酒由红葡萄酒和白葡萄酒混合而成。

（二）按含二氧化碳压力分类

1. 平静葡萄酒

平静葡萄酒也称静止葡萄酒或静酒，是指不含二氧化碳或少含二氧化碳（在20℃时二氧化碳的压力小于0.05 MPa）的葡萄酒。

2. 起泡葡萄酒

起泡葡萄酒是指经密闭二次发酵产生二氧化碳或者由人工添加了二氧化碳（在20℃时二氧化碳的压力大于或等于0.35 MPa）的葡萄酒。

（三）按含糖量分类

1. 平静葡萄酒

（1）干葡萄酒

干葡萄酒是指含糖量（以葡萄糖计，下同）小于或等于4.0 g/L的葡萄酒。由于颜色的不同，又可分为干红葡萄酒、干白葡萄酒、干桃红葡萄酒。

（2）半干葡萄酒

半干葡萄酒是指含糖量为4.1 ~ 12.0 g/L的葡萄酒。由于颜色的不同，又可分为半干红葡萄酒、半干白葡萄酒、半干桃红葡萄酒。

（3）半甜葡萄酒

半甜葡萄酒是指含糖量为12.1 ~ 50.0 g/L的葡萄酒。由于颜色的不同，又可分为

葡萄酒的种类及特征

半甜红葡萄酒、半甜白葡萄酒、半甜桃红葡萄酒。

（4）甜葡萄酒

甜葡萄酒是指含糖量大于或等于 50.1 g/L 的葡萄酒。由于颜色的不同，又可分为甜红葡萄酒、甜白葡萄酒、甜桃红葡萄酒。

2. 起泡葡萄酒

（1）天然起泡葡萄酒

含糖量小于或等于 12.0 g/L 的起泡葡萄酒。

（2）绝干起泡葡萄酒

含糖量为 12.1 ～ 20.0 g/L 的起泡葡萄酒。

（3）干起泡葡萄酒

含糖量为 20.1 ～ 35.0 g/L 的起泡葡萄酒。

（4）半干起泡葡萄酒

含糖量为 35.1 ～ 50.0 g/L 的起泡葡萄酒。

（5）甜起泡葡萄酒

含糖量大于或等于 50.1 g/L 的起泡葡萄酒。

（四）按酿造方法分类

1. 天然葡萄酒

完全用葡萄为原料发酵而成，不添加糖分、酒精及香料的葡萄酒。

2. 特种葡萄酒

（1）强化葡萄酒

在天然葡萄酒中加入白兰地、食用精馏酒精或葡萄酒精等，酒精度为 15 ～ 22 度的葡萄酒。

（2）加香葡萄酒

以葡萄原酒为基酒，经浸泡芳香植物或加入芳香植物的浸出液（或蒸馏液）而制成的葡萄酒。

（3）冰葡萄酒

将葡萄推迟采收，当气温低于 –7 ℃时，葡萄在藤上待一段时间，结冰后采收，带冰压榨，用此葡萄汁酿成的葡萄酒。

（4）贵腐葡萄酒

葡萄成熟后期，葡萄果实感染了贵腐菌，使果实的成分发生了明显的变化，用这种葡萄酿造的葡萄酒。

（五）按饮用方式分类

1. 开胃葡萄酒

在餐前饮用，主要是一些加香葡萄酒，酒精度一般在 18 度以上，我国常见的开胃葡萄酒有味美思。

2. 佐餐葡萄酒

同正餐一起饮用的葡萄酒，主要是一些干型葡萄酒，如干红葡萄酒、干白葡萄酒等。

3. 餐后葡萄酒

在餐后饮用，主要是一些加强的浓甜葡萄酒。

（六）按酿酒历史分类

1. 新世界葡萄酒

新世界葡萄酒是指产酒历史只有百来年的美国、澳大利亚、新西兰、智利、阿根廷、南非等国生产的葡萄酒。中国生产的葡萄酒也属于新世界葡萄酒。

2. 旧世界葡萄酒

旧世界葡萄酒是指法国、意大利、德国、西班牙、葡萄牙等欧洲老牌的葡萄酒生产国所生产的葡萄酒。

四、葡萄酒发展现状

（一）欧盟国家是葡萄酒的主产区和主要消费区

葡萄酒的发展与西方文明的发展是紧密相联的。以法国、意大利、西班牙为代表的欧盟国家一直是葡萄酒的主产区和主要消费区，在生产上仍保留着传统的酿造工艺，三个国家的葡萄酒生产能力达到全球一半左右，同时它们也是葡萄酒的消费大国。

（二）有机葡萄酒发展较快

在全球葡萄酒市场的销售形势下，有机葡萄酒销售迎来爆发式增长。欧洲是有机葡萄的主要种植区，全球 84% 的有机葡萄酒产区都分布在欧洲。其中，有机葡萄园面积最大的是西班牙，种植面积超过 84 000 公顷，近十年的增长率是 413%；其次是意大利，有机葡萄园面积为 72 361 公顷，增长率为 128%；然后是法国，有机葡萄园面积为 66 000 公顷，增长率为 307%。

（三）全球葡萄种植面积略有下降，中国保持低速增长

世界葡萄园面积仍然保持在 740 万公顷左右，从 2003 年的 780 万公顷一直平稳下降。西班牙面积最大，为 96.9 万公顷，紧随其后的是中国（87.5 万公顷）、法国（78.9 万公顷）、意大利（70.2 万公顷），这些面积涉及用于任何目的的所有葡萄种植面积，而不仅仅是葡萄酒。

五、新旧世界葡萄酒

要深入了解葡萄酒，就不得不从葡萄酒的新旧世界说起。葡萄酒最大的特点还是在于地域的不同。在葡萄酒的世界里，分为新旧世界。旧世界指的主要是有着较长酿

酒传统的欧洲国家，类似法国、意大利、德国等；而新世界指的则是美国、智利、澳大利亚、新西兰等新兴的酿酒国家，也包括中国。如果你能在最短的时间内品尝到每个国家的葡萄酒，建立一个整体的印象，就已经比一般的葡萄酒爱好者要懂得多了。

在传统葡萄酒体系中，新旧世界泾渭分明。旧世界葡萄酒讲究血统，突出传统酿造工艺，越是手工酿造的酒越珍贵，注重葡萄酒的本味，更具有细致的口感；新世界葡萄酒大量运用现代化的生产工艺，产量大，味道更加香醇，通过现代化的手段最大限度地突出果香味。如果说法国的高档红酒就像出席晚宴时的礼服，新世界葡萄酒则像是随性的牛仔裤和 T 恤。新世界葡萄酒大多简单清新，比传统的葡萄酒更易于理解与接受。随着生活简单化的趋势，新世界葡萄酒已渐入人心。当然，随着酿酒技术的发展与市场的变化，新旧世界葡萄酒也逐渐出现了互相模仿、渗透的现象。

	旧世界葡萄酒	新世界葡萄酒
历史差异	旧世界葡萄酒至今已有千年历史	新世界葡萄酒有 200～300 年的历史
分布区域	旧世界国家主要分布在欧洲区域	新世界国家分布较广
环境差异	旧世界的葡萄生长环境相对寒冷	新世界的葡萄生长环境相对温暖
种植方式	旧世界国家多以人工为主	新世界多以机械化为主
单位规模	旧世界生产单位产量低	新世界生产单位产量高
酿造工艺	旧世界国家多遵循传统酿造工艺	新世界国家多以工业化生产为主
分级体系	旧世界国家有着明确严格的分级体系	新世界国家的原产地命名多用于地理位置和商标控制，实行酒质分级
葡萄品种	旧世界国家葡萄酒常以葡萄混酿	新世界国家葡萄酒单一品种酿居多
命名差异	旧世界国家多以酒庄及土地命名	新世界国家常以葡萄品种命名
酒标差异	旧世界国家酒标信息量大，可通过酒标读取相关信息	新世界国家酒标简洁，个性张扬
酒塞差异	旧世界国家多用橡木塞	新世界国家多用螺旋塞
风味差异	旧世界国家葡萄酒复杂优雅	新世界国家葡萄酒易饮，热情
香气差异	旧世界国家葡萄酒多需醒酒，香气逐渐释放	新世界国家葡萄酒开瓶即饮，香气即刻释放
生产导向	旧世界国家多以生产者自身为导向	新世界国家多以消费者为导向

六、葡萄酒的酿造

葡萄酒的酿造过程可以用一个简单的公式来表达：

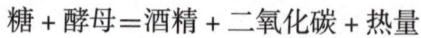

$$糖 + 酵母 = 酒精 + 二氧化碳 + 热量$$

葡萄汁里的糖分在酵母的作用下转化成为酒精，就得到我们所说的葡萄酒，在发酵过程中还会产生二氧化碳和热量。

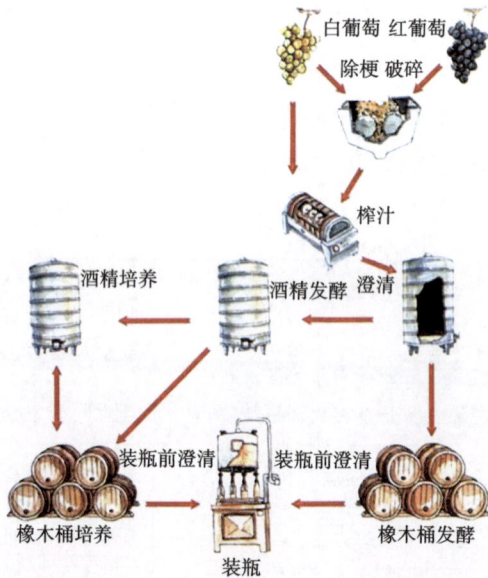

（一）酿造前的准备工作

1. 采摘

随着葡萄的成熟，酿酒师开始决定采收的时间。通常不同的品种、不同的葡萄园、不同的地区葡萄的成熟度是不一样的，必须根据实际情况分批采收。

2. 筛选

采摘回来的葡萄在最短时间内运回酒厂，所有的葡萄会放到传送带上进行筛选，筛选过程主要是去除不好的葡萄，如未成熟的、破碎的或已经腐烂的葡萄，葡萄叶也需要去除。越是注重葡萄酒品质的酒庄对筛选越为严格，甚至有时会丢弃 1/3 的葡萄。

3. 破碎

对于红葡萄酒，首先要对葡萄进行破皮，这样能够让葡萄的汁流出来，方便将葡萄皮和葡萄汁泡在一起；而对于白葡萄品种，这不是一个必需的步骤，很多白葡萄会直接进行压榨，不需要破皮。葡萄梗也会在这个步骤中去除。在一些特定的产区，酿酒师会保留葡萄梗，这样做可以给葡萄酒增加更多的单宁。

4. 压榨

压榨的目的就是将液体和固体分离。通过榨汁将果肉中的葡萄汁分离出来，白葡萄酒一般在发酵前压榨，然后将葡萄汁单独发酵。红葡萄酒则在浸渍及发酵完成后才进行压榨。

5. 浸皮

浸皮是指将破皮后的葡萄和葡萄汁浸泡在一起，以便葡萄汁从皮里萃取到需要的颜色、单宁以及风味物质。

对于红葡萄酒，果皮与酒接触的时间长短通常会根据酿酒者想要达到的要求来决定，顶级的波尔多红酒这个过程会持续 2～3 周。在这个过程中，红葡萄酒的发酵也是同时进行的，因为比重的关系和二氧化碳的产生，葡萄皮会全部浮在葡萄汁上面，上面这层漂浮的葡萄皮我们称之为酒帽，这种现象会造成萃取颜色的困难。在浸皮过程中一定要确保酒帽保持湿润，如果它们变干，细菌就会在上面生长，使酒变坏。葡萄汁还需要充分地与酒帽接触，否则酒的颜色就会很不均匀，上面的颜色深，下面的颜色浅。

（二）发酵过程

1. 酒精发酵

酒精发酵也称一次发酵，就是将葡萄汁里的糖分转化成酒精的过程。酒精发酵通常会加入人工酵母来帮助发酵启动和进行，发酵过程中会产生二氧化碳和热量，所以温度的控制十分重要。通常来讲，白葡萄酒要求发酵温度比较低，一般在 15～20 ℃，这么做可以保持酒的果香和清新。红葡萄酒发酵温度会高一些，通常在 25～35 ℃，如果温度高于 35 ℃发酵就会中止。为了最大限度地萃取出葡萄皮上的色素，一些葡萄酒需要在发酵前提高温度，但如果温度过高，会给葡萄酒带来类似煮熟的口感。

2. 苹果酸乳酸发酵

苹果酸乳酸发酵的过程是将酒中尖锐的苹果酸通过乳酸菌转化成为柔和的乳酸。对于较冷地区的白葡萄酒可以通过苹果酸乳酸发酵降低酒的酸度，并且在这个过程中还会产生新的香气，如黄油和奶油。而对于热带产区那些酸度较少或不足的葡萄酒而言，酸度则相当可贵，酒厂会利用添加二氧化硫或降低温度的方式来中止苹果酸乳酸发酵。

（三）发酵后的培养和装瓶

1. 换桶

葡萄酒在酿造过程中，底部经常会形成沉淀（如葡萄皮、葡萄籽、酒脚等），酿酒师通常会通过气泵将上层的清澈酒液抽取到干净的罐中，从而避免葡萄酒和沉淀物长时间接触，产生不愉快的气味。

2. 熟成

葡萄汁在发酵完成后就可以称为葡萄酒了。刚酿造出来的酒无论是口感还是香气都十分浓郁和张扬，让人难以接受，因此需要将酒放置一段时间，使酒变得均衡美味，更容易被人接受。通俗的说法是将生酒转变为熟酒。熟成有时在橡木桶中进行，有时则在不锈钢桶或惰性容器中进行。红酒经常会在橡木桶里完成这个过程，不仅可以增添香气和酒体，橡木桶上细微的小孔还可以使酒更快地成熟。目前，最常见的橡木桶分为法国橡木桶和美国橡木桶。法国橡木桶制作过程烦琐，能赋予酒更细腻复杂的香气（如香草、烤面包、烤榛子的香气），形成更复杂的口感，价格也比美国橡木桶要贵。而美国橡木桶带给酒更多的是甜香草和甜椰子的香气，口感也较粗犷。只有新橡木桶才会给酒增添咖啡、烤面包等烘烤香气，越老的木桶对酒产生的影响就越小，5 年以上的木桶只能作为惰性容器，不能再为酒增添任何香气。现在有一种更加经济便捷的方法为酒增加橡木的香气，比如在发酵罐中垂直放置一根或者一组橡木条，或者使用橡木粉以及橡木香精。

3. 澄清

葡萄酒刚酿造好后通常是浑浊的，这种悬浮物质我们称为胶体，可以通过加入蛋白、鱼胶、硅藻土、血清等方法来加速这些悬浮物质的沉淀，以去除悬浮物质，得到酒质更加稳定的葡萄酒。

4. 过滤

装瓶前最后一个可以使酒保持清澈、透亮的做法就是过滤。现在的酿酒工艺可以去除酒中极小的颗粒，甚至连肉眼都看不到的微小颗粒都可以去除。一定要注意过滤的强度，如果强度过大，会将酒里迷人的风味物质一同过滤掉，因此有些酒厂不会对酒进行过滤，以保持其丰富的风味。其实，酒的过滤强度只要做到酒质稳定的程度就好。

5. 稳定

为了预防运输过程中沉淀物质的形成，酒必须要做稳定处理。在装瓶前对酒进行冷却，将温度迅速降到 -4 ℃，以去除酒中的酒石酸，让酒质变得比较稳定。否则，酒在装瓶之后，遇到低温则会出现一些小的酒石酸结晶，这些结晶有时会被误认为碎玻璃或者酒的品质出现了问题。酒石酸对酒没有任何伤害，但是会影响酒的外观和口感。

6. 装瓶

葡萄酒在出厂前，会将酒装入玻璃瓶中，然后运往世界各地。通常白葡萄酒装瓶时间比红葡萄酒要早，因为大多数白葡萄酒都是在酒年轻的时候饮用，而有些高品质的红葡萄酒则要在橡木桶里培养 2 ~ 3 年后装瓶。

7. 瓶中熟成

大部分葡萄酒在装瓶后需要尽快饮用，以保持酒中的最大果香。对于一些优质的葡萄酒来说，可以通过瓶中熟成来改善其品质，例如波尔多列级葡萄酒、勃艮第最好的红白葡萄酒、意大利的巴罗洛葡萄酒、年份波特酒，这类酒需要在瓶中熟成 10 ~ 20 年以上才可以达到最佳适饮期。

七、葡萄酒命名

（一）以葡萄品种命名

许多葡萄酒以优秀的葡萄品种名称命名，这种命名方法有利于突出和区别葡萄酒的风味和特色。但是，各国对使用葡萄名称命名的葡萄酒都有严格的规定。如美国规定，以葡萄名称命名的葡萄酒必须含有 75% 以上的该葡萄品种，而法国则规定必须 100% 含有该品种葡萄。比较常见的著名品种葡萄有赤霞珠、甘美、芝华士、增芳德、美露、黑皮诺等。

（二）以地区名命名

许多著名红葡萄酒都是以葡萄酒产地地名来命名的，如法国的圣爱美隆等。美国和澳大利亚等国家常采用法国和德国著名的葡萄酒产区来代替自己的产品名称，当然，这些酒并不是产自法国或德国的著名产区，只是模仿著名产区的葡萄品种和种植方法。我们常把这些酒统称为著名产区质量相同的同级酒，而以地区名命名的葡萄酒常常是葡萄酒质量的保证。

（三）以商标名命名

一些酒商以各地不同品种的葡萄混合而生产的葡萄酒，或为了迎合顾客口味而创立了一些著名的或流行的葡萄商标（牌子），如派特嘉、王朝、长城等。

（四）以酒厂名称命名

有的酒厂以自己的厂名为其葡萄酒命名，如 Ch. Margaux、Ch. Lafite、Ch. Latour、Ch. Montelena、Niebaum Coppala Rubicon、Dominus、Opus one。

（五）以酿酒商名命名

一些酒商由于酿酒技术高，酒的质量稳定或酒商有悠久的历史并在人们心目中有信誉等，将酿酒商名作为酒名，以扩大企业知名度并使人们更加地了解其优质的产品，如美国的保美神酒。19 世纪，法国人保罗·梅森抵达旧金山，这是一个出生于勃艮第历史悠久的酿酒世家的小伙子，命运之神的眷顾使得他与当时一位德高望重的葡萄酒商查尔斯合作，他们的努力使得加利福尼亚州葡萄酒从此走向世界舞台。

八、酿酒葡萄品种

英国著名葡萄酒作家杰西斯·罗宾逊夫人在其所著的《葡萄树、葡萄与葡萄酒》一书中指出："葡萄酒的香味及特性有 90% 是由其品种决定的。"由此可见，葡萄品种绝对是葡萄酒的灵魂。

目前，世界上有超过 6 000 种可以酿酒的葡萄品种，但能酿制出上好葡萄酒的葡萄品种只有 50 种左右，大致可以分为白葡萄和红葡萄两种。白葡萄，颜色有青绿色、黄色等，主要用于酿制起泡酒及白葡萄酒。红葡萄，颜色有黑、蓝、紫红、深红色，果肉有的深色，有的与白葡萄一样呈无色，因此白肉的红葡萄去皮榨汁后可用于酿造白葡萄酒，例如黑皮诺虽为红葡萄品种，但也可用于酿造香槟和白葡萄酒。

（一）常见的红葡萄品种

1. 赤霞珠——红葡萄之王

赤霞珠（Cabernet Sauvignon）别名解百纳、解百纳索维浓、苏味浓，是解百纳家族中最著名的一个品种，最适合炎热、干燥，如格拉夫产区有砾石混合的土壤。通常带有黑加仑味、蜜瓜味和甘草味等香气。法国波尔多地区的拉图（Chateau Latour）、玛歌（Chateau Margaux）等高级葡萄酒就是以此品种为主要原料酿造而成的。这种葡萄的颜色如明媚赤红的霞云，如红色的珠玉。

赤霞珠

赤霞珠是全世界最知名的酿酒葡萄品种之一，祖籍法国。属于晚熟品种，果粒小，着生紧密，成熟之后的颜色为紫黑色，皮厚实，果皮和果汁的比例高于其他类型的葡萄。同时，赤霞珠的结果力强，易丰产，对土壤和气候的适应性强，因此全球的葡萄酒产区都有普遍种植。

1892年，赤霞珠首先由烟台张裕公司引入，是我国目前栽培面积最大的红葡萄品种。该品种容易种植及酿造、适应性较强、酒质优，可酿成浓郁厚重型的红酒，适合久藏。但它必须与其他品种调配（如梅乐），经橡木桶贮存后才能获得优质葡萄酒。赤霞珠与品丽珠、蛇龙珠在我国并称"三珠"。在河北昌黎，赤霞珠的种植面积最大，葡萄表现也最好。

2. 梅乐——红葡萄之后

梅乐（Merlot）别名梅尔诺、梅露汁、黑美陶克，原产于法国波尔多，目前是波尔多地区种植最广的葡萄品种之一，早熟且产量大，新嫩、皮薄，颗粒比赤霞珠大。我国于1892年由西欧引入山东烟台。该品种为法国古老的酿酒品种，作为调配以提高酒的果香和色泽。在我国河北、山东、新疆等地有少量栽培，是近年来很受欢迎的酿造红葡萄酒的优良品种。

梅乐

和赤霞珠相比，用梅乐酿成的葡萄酒单宁质地较柔顺，口感以圆润厚实为主，酸度也较低，以果香著称，在久存方面不如赤霞珠，能较快达到适饮期，犹如温柔典雅的王后。

在新世界葡萄酒中，很多都是用单一品种的梅乐来酿造的，而且直接将葡萄品种名称印在酒标上。新世界葡萄酒不宜陈酿，通常出厂后就可直接饮用。在智利，梅乐如同找到了自己的家园，品质普遍都表现不凡，而且还不贵。

3. 黑皮诺——红葡萄情人

黑皮诺（Pinot Noir）原产于法国勃艮第，栽培历史悠久，属优雅古老的早熟品种，也是世界上大部分高价红酒会采用的葡萄品种。

1892 年，我国山东烟台率先引入黑皮诺，目前主要产区有甘肃、山东、新疆、云南等地。黑皮诺早熟、皮薄、色素低、产量少，适合较寒冷的地区，对土壤与气候要求比较严格，去皮发酵可酿制干白及非常好的气泡酒，是香槟最主要的葡萄品种之一。其香气十足，年轻时有丰富的水果香（也有人戏谑称其为马尿味）及草莓、樱桃等浆果味，陈年成熟后富有变化，带有香料及动物、

黑皮诺

皮革香味且成熟老化，有着回甜、非常讨好的味道。在德国称其为晚收勃艮第品种，主要用来生产清淡、色泽柔和、早熟的红酒。在美国加州、俄亥冈州以及奥地利、新西兰也有很好的表现。

用黑皮诺酿造的葡萄酒颜色浅，单宁不如赤霞珠重，体态要轻巧、肉感一些，比较雅致，果味浓郁而复合，适合年轻时饮用，是比较容易被接受的葡萄酒，但出自勃艮第的顶级同类酒并不适合早饮。黑皮诺虽然在栽培和酿造方面难度较高，但如果精心伺候却能酿出顶级的酒，有严谨的结构和丰富的口感，极适陈年。最出色而昂贵的黑皮诺出自勃艮第的罗曼尼·康帝酒庄。

4. 西拉——红葡萄王子

西拉（Syrah）祖籍法国隆河谷地产区，属于晚熟品种，果实相对较大，皮深黑色，富含单宁，喜爱温暖的气候。西拉虽然起源于法国，却在澳大利亚大放异彩。其最显著的特点是颜色深，带有胡椒味和黑莓的香气，单宁含量高，陈年后质地更加顺滑。在澳大利亚西拉的种植面积远大于赤霞珠，是种植最广的葡萄品种。

西拉的产量较低，不能带来较高利润，除非其偏爱某个独特的葡萄园。用西拉酿造出来的葡萄酒颜色深红近黑、单宁重，香醇浓郁且丰富多变，口感结实带点辛辣，需要精心酿制并在橡木桶中培养，非常适合久藏。顶级

西拉

的西拉葡萄酒具有极强的藏酿潜力，其复杂的结构和细腻的层次使其足以成为顶级酒，具有王子的风范。

5. 佳美——红葡萄小姑娘

佳美（Gamay）与黑皮诺同为勃艮第产区法定葡萄，曾盛产于金丘，如今雄霸博若莱产区。1957年我国从保加利亚引进该品种，目前在甘肃武威、河北沙城、山东青岛等地均有栽培。佳美是酿制风格独特的博若莱葡萄酒的唯一红葡萄品种。在多种博若莱葡萄酒中，一种被称为博若莱新酒的酒种，拥有压倒性的产量、销售量及强势的行销，因此其常常被误认为是唯一一种博若莱葡萄酒。新酒是指以当年采收的葡萄新酿的酒，酝酿时间极短且不用陈年。原本博若莱新酒并没有规定上市时间，从1985年起，每年11月的第三个星期四成为博若莱新

佳美

酒全球同步上市的法定日期。在法定日期之前，市面上是绝对不允许销售博若莱新酒的。依照规定酿制博若莱新酒的葡萄必须完全以人工方式进行采收。因博若莱新酒不经橡木桶陈年，其单宁含量少，口味具有清新的果香味且具有艳丽的紫红色泽。博若莱新酒含浓郁果香，相当适合葡萄酒入门者，最适合冷藏至12 ℃饮用；缺点是对于习惯讲究陈年葡萄酒口味的人来说太过年轻且酒身薄的博若莱新酒可能略显稚嫩。一般来说，博若莱新酒的保存期限很短，顶多只能存放到来年2月。因为其口味清新、果香浓郁、价钱适宜及保存期短，故成为圣诞节派对人们常饮用的葡萄酒。

佳美在世界上其他一些产区亦受到一定重视。它酿的酒丰盈爽口，在清淡细致中有一点热感，虽不是很精美，但使人赏心悦目。一般在标签上注明"佳美"，即表明是像保祖利酒一样爽口的果香型红酒。同时，佳美用于酿造时呈现紫色，单宁很低，但酸度较高，有浓重的樱桃、草莓、覆盆子的香气，且不能贮藏。专业人士喜欢将其鲜亮活泼的性格形容为未涉世事的小姑娘。

6. 仙粉黛——美国葡萄酒的名片

仙粉黛（Zinfandel）是加利福尼亚最独特的红葡萄品种，尽管其原产地在欧洲，但人们还是把它当作加利福尼亚的特产。仙粉黛是红葡萄中的芳香类品种，用其酿造的红葡萄酒非常浓烈，颜色深重，酒精含量极高，单宁丰沛，酒体饱满，酒香浓郁迷人，富有香料、黑莓、红莓、樱桃及土壤的味道；用其酿造的桃红葡萄酒则偏甜，酸度较高。

仙粉黛

曾几何时，白仙粉黛（White Zinfandel）旋风席卷全美乃至全球，不过近年来随着人们口味的转变，仙粉黛红葡萄酒正赢得越来越多人的青睐。总的来看，仙粉

黛葡萄酒是一种果香极为馥郁的葡萄酒。最佳仙粉黛葡萄酒为美国仙粉黛葡萄酒，适合年轻时饮用，通常不超过 5 年。

（二）常见的白葡萄品种

1. 霞多丽——白葡萄之王

霞多丽（Chardonnay）祖籍法国勃艮第，是目前全世界最受欢迎的酿酒葡萄品种之一，是最早熟的品种，属于容易栽培、稳定性高、抗病虫害能力强的高产量品种，在全球各地均有不凡的表现。由于其适应性强，霞多丽几乎已在全球各地葡萄酒产区普遍种植，但因不同地区的气候而产生较大的差异。

霞多丽

霞多丽是世界上风格最多样，种植范围最广泛的酿酒葡萄，可用来酿制风格多样的葡萄酒，从酒体丰满浓郁的索诺玛霞多丽葡萄酒，到酒体轻盈剔透的白中白香槟。根据产区的不同，霞多丽有柠檬味、蜂蜜味、青苹果味、奇异果味、橡木味、黄油味等不同风味。在天气寒冷的石灰质土产区（如法国夏布利和香槟区），酒的酸度高，酒精淡，以青苹果等绿色水果香为主；在较温和产区（如美国那帕谷和法国马孔内），酒的口感柔顺，以热带水果（如哈密瓜等）成熟浓重香味为主。霞多丽通常不与其他葡萄品种混合酿造，由其酿制的酒是为数不多的可经橡木桶培养的白葡萄酒之一。

2. 雷司令——德国葡萄种植业的一面旗帜

雷司令（Riesling）祖籍德国摩塞尔和莱茵河，是德国及法国阿尔萨斯最优良细致的品种。雷司令晚熟，产量大，酸度高，有讨人喜欢的淡雅花香和水果香，是上佳的白葡萄品种，具有丰富的多样性。雷司令对于栽种的地点非常挑剔，最好是日照充足的地方，它需长时间得到充足的阳光。雷司令的最大栽种国是德国。雷司令已成为德国葡萄种植业的一面旗帜，对德国葡萄酒的世界形象起着举足轻重的作用，非其他葡萄品种可比拟。不同性质的土壤确保了德国雷司令葡萄口味丰富，魅力诱人。

雷司令

用雷司令酿造的白葡萄酒特性明显，生命力极强，适合久藏；细致优雅，具有足够的酸度，淡雅的花香混合植物香，常伴有蜂蜜及矿物质香味，能与酒中的甘甜口感相平衡；丰富、细致、均衡，具有相当出色的酸甜平衡表现。用上好的雷司令酿造的白葡萄酒可陈放几十年。值得一提的是，威尔士雷司令也是一种白葡萄品种，名字虽然相近，但同雷司令没有任何关系，主要种植区在欧洲中部。不过，采用威尔士雷司令酿造的葡萄酒通常都会有意无意地借用"雷司令"这个名称，比如威尔士雷司令有一个别名叫"意大利雷司令"（Riesling Italico）。

3. 长相思——白葡萄中的坏女孩

来自法国的白苏维翁（Sauvignon Blanc），别名白索维浓、苏维浓、索味浓，原产于法国，是法国古老的酿酒品种。长相思是酿制干白葡萄酒的世界性优良品种，抗逆性强，耐低温，适合在较冷的北方干旱、半干旱地区栽培。

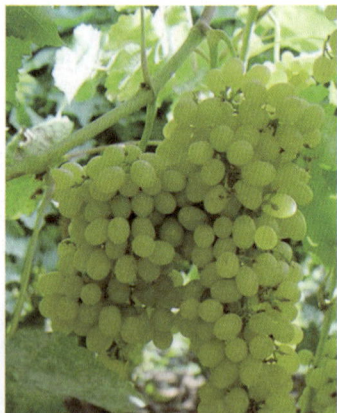
长相思

与霞多丽圆润、香气怡人、可爱优雅相比，长相思就像是一个反叛的女子：野性的草香，湿漉漉的稻草味道，清爽的鹅莓，隐约有一丝烟枪的味道，还有新鲜的无花果香，总之她永远不会含蓄，更不会害羞，倒是率真到近乎失礼，令人浮想联翩。

长相思葡萄酒与其他白葡萄酒的区别在于长相思含有草本风味，如灯笼椒、墨西哥辣椒、猫尿味和青草的味道。

4. 赛美蓉——贵腐甜白酒之母

赛美蓉（Semillon）祖籍法国波尔多，在世界各地都有生产。在法国，赛美蓉的地位仅次于长相思和霞多丽，是葡萄种植面积第三大的白葡萄品种。我国20世纪80年代初引进种植，主要分布在河北、山东等地。赛美蓉适合温和型气候，产量大，所产葡萄颗粒小，皮薄，糖分高，十分适合贵腐霉菌的生长。此霉菌不仅吸取葡萄中的水分，提高赛美蓉糖分含量，且因其在葡萄皮上所产生的化学反应，提高了酒石酸度，并产生如蜂蜜及糖渍水果等特别丰富的香味，因此成为酿造法国贵腐甜白酒的主要品种。

赛美蓉

用赛美蓉酿制的干白葡萄酒特性不突出，果香淡、糖度高、酸度不足，所以经常混合长相思以补其不足，适合年轻时饮用。但赛美蓉是酿制贵腐酒的最佳对象，顶级的贵腐酒可经数十年甚至百年陈放，口感香醇浓郁、厚实，常带蜂蜜、干果、糖渍水果及烤面包等复合香气，口感圆润且回味悠长。

九、葡萄酒酒标

（一）葡萄酒酒标的起源

酒标的起源可追溯到公元前 3000 年前，当时人们在装酒容器的封泥上做标记，以区分酒的质量。此后，古希腊人在装酒双耳瓶的泥坯上刻写文字，再烧成陶器。此方法延续使用了上千年，逐渐发展成用标签贴在酒瓶上作为标志。现代意义的酒标出现在 17 世纪以后，早期的酒标功能单一、样式简单，多是寥寥文字，顶多用些花体或变体的字母，装饰家族徽章。

1924 年，为纪念木桐·罗斯柴尔德酒庄首次灌装成品葡萄酒，酒庄主人菲利浦·罗斯柴尔德特意请著名招贴画家让·卡吕为该年的葡萄酒设计了一副全新的标签，开创了葡萄酒标签艺术化设计的先河。

（二）葡萄酒酒标的信息解读

酒标签常见的内容有以下几项：

1. 葡萄品种

并不是所有的葡萄酒瓶上都会标示葡萄种类。澳大利亚、美国等出产国规定一瓶酒中含某种葡萄 75% 以上才能在瓶上标示该品种名称。传统的欧洲葡萄产区则各有不同的规定，如德国、法国标签上如果出现某种葡萄品种名称时，表示该酒至少有 85% 是使用该种葡萄所酿制的。新世界的酒标上较常看到标示品种的葡萄酒。

2. 葡萄酒名称

葡萄酒的名称通常会是酒庄的名称，也有可能是庄园主特定的名称，甚至可能是产区名称。

3. 收成年份

酒瓶上标示的年份为葡萄的收成年份。欧洲传统各产区，特别是在北方的葡萄种植区，由于气候不如澳大利亚、美国等新世界产区稳定，因此品质随年份的不同有很大的差异。在购买葡萄酒时，年份也是一项重要参考指标，由此可知该酒的酒龄。如未标示年份则表示该酒由不同收成年份的葡萄混酿而成，除了少数（如汽酒、加度酒等）例外，都是品质不算好的葡萄酒。

4. 等级

葡萄酒生产国通常都有严格的品质管制，各国对葡萄酒等级划分的方法也各异，通常旧世界的产品由酒标可看出其等级高低，但新世界由于没有分级制度，所以没有标出。

5. 产区

就传统葡萄酒生产地来说，酒标上的产区名称是一项重要信息。知道是某产区的酒，就大概知道该酒的特色、口味。某些葡萄酒产地的名称几乎决定了该瓶酒的名气。

6. 装瓶者

装瓶者不一定就是酿酒者。酿酒厂自行装瓶的葡萄酒会标示"原酒庄装瓶"，一般来说会比酒商装瓶的酒来得珍贵。

7. 酒厂名

著名的酿酒厂常是品质的保证。以法国勃艮第为例，同一片葡萄园可能为多位生产者或酒商所拥有，因此选购时若只看产区，有时很难分辨出好坏，此时酒厂的声誉就是一项重要的参考指标。新世界的产品一般是生产者和装瓶者为同一企业。

8. 产酒国名

该瓶葡萄酒的生产国。

9. 净含量

一般容量均为 750 mL，也有专为酒量较小的人所设计的 375 mL、250 mL 和 185 mL 容量的葡萄酒，还有为多人饮用和宴会设计的 1 500 mL、3 000 mL 和 6 000 mL 容量的产品。

10. 酒精度

通常以"度"或"%"表示酒精度。葡萄酒的酒精度通常为 8～15 度，但是波特酒（Port）、雪莉酒（Sherry）等加强酒的酒精度比较高（18～23 度），而德国白葡萄酒酒精度一般较低（10 度以下），且带有甜味。

十、世界各国葡萄酒条形码

（一）条形码常识

葡萄酒条形码共由 13 个数字组成，以南澳的格兰·伯爵酒庄的 GB88 葡萄酒的条形码为例，其条形码为 931 57050 12403，可分为四个号段：

第 1—3 位：共 3 位，对应该条码的 931，是澳大利亚的国家代码之一（930—939 都是澳大利亚的代码，由国际上分配）。

第 4—8 位：共 5 位，对应该条码的 57050，代表着生产厂商代码，为格兰特·伯爵酒庄，由厂商申请，国家分配。

第 9—12 位：共 4 位，对应该条码的 1240，代表着厂内商品代码，由厂商自行确定。

第 13 位：共 1 位，对应该条码的 3，为校验码，依据一定的算法，由前面 12 位数字计算而得到。

9 315705 012403

为了方便各位消费者，澳大利亚葡萄酒专家收集了一份常见进口葡萄酒条形码国家代码作为鉴别的依据：

国 家	号 段	国 家	号 段	国 家	号 段
澳大利亚	930—939	法国	300—379	德国	400—440
南非	600—601	葡萄牙	560	美国、加拿大	00—09
奥地利	900—919	智利	780	希腊	520
中国大陆	690—692	新西兰	94	俄罗斯	460—469
意大利	80—83	罗马尼亚	594	日本	49、45

（二）注意事项

①依照国家进口食品管理办法的规定，进口葡萄酒都必须贴中文标签。

②进口商在加贴中文标签时，不覆盖酒厂条码的，不须加印进口商条码。

③进口商在加贴中文标签时，覆盖酒厂条码的，须在中文标签中加印进口商条码，或在原酒厂的授权下使用原酒厂的条形码。

④进口商如向海关申请进口葡萄酒条形码，那么这瓶进口葡萄酒上标的条形码就是以"69"开头，而不是原产国的条形码。

⑤如果中文标签上的条形码是以"69"开头，而又没有向海关申请进口葡萄酒条形码，但仍然打着进口酒的旗号在叫卖，就请您注意了，这个所谓的进口酒很有可能是假的！当然，条形码也并非检验酒真伪的唯一标准，也有很多国外历史比较悠久且产量较少的酒，酒庄就不会申请条形码。

十一、葡萄酒酒瓶

在品尝一瓶美酒之前，首先映入眼帘的会是各种独特的酒瓶。其婀娜的曲线、半透明的材质，以及微妙的重量感，对于感官有着一种无可比拟的吸引力。酒瓶不仅仅是酒的包装，其形状、大小和颜色犹如一套衣装，与酒是互为一体的。葡萄酒酒瓶中最经典的三种基本形状分别是波尔多瓶、勃艮第瓶和霍克瓶。

（一）波尔多瓶

为了倒酒时去除沉淀，波尔多瓶瓶肩较高，两边对称，适合需要长时间窖藏的酒，柱状瓶体有利于堆栈和平放。

（二）勃艮第瓶

勃艮第瓶瓶肩较低，瓶底较宽，以法国勃艮第产区命名。既可用来装红葡萄酒，也可用来装白葡萄酒。在新世界，该瓶被广泛用于装霞多丽葡萄酒和黑皮诺葡萄酒，还可用于盛装意大利巴罗洛葡萄酒及卢瓦尔。

（三）霍克瓶

霍克瓶也称长笛瓶，主要用于德国莱茵河流域和邻近法国阿尔萨斯产区的白葡萄酒，因为不需长时间存储，酒中也无沉淀，所以瓶身细长。霍克瓶可分为两类：一类是绿色瓶身的阿尔萨斯瓶或莫泽尔瓶；另一类是棕色瓶身的莱茵河瓶。阿尔萨斯瓶（法国阿尔萨斯产区）或莫泽尔瓶（德国莫泽尔产区）又高又细，所盛装的葡萄酒风格各异，从干型到半干型再到甜型都有。而莱茵河瓶与阿尔萨斯瓶或莫泽尔瓶形状类似，主要盛装来自莱茵河产区的葡萄酒。

波尔多瓶　　勃艮第瓶　　霍克瓶

十二、葡萄酒选购六大误区

（一）品牌误区

葡萄酒本是非常驳杂的一类商品，人们在选择葡萄酒时会更加依赖脑子里少数能记住的几个不太拗口的名牌。很多消费者只要看到酒标上有"Lafite""Beychevelle"等字样或者有"Latour"的小城堡标识，就会安全感大增，买之而后快。总体上，名牌酒可信度确实更高，但如果过分迷信，不加分析的话，名牌同样会"撞你的腰"。比如，花同样的价钱是买一瓶 Lafite 的副牌酒还是买一瓶波尔多四级酒庄的酒，就变成一个依靠你个人口味和消费用途等因素来综合判断的见仁见智的问题，而不是单纯以牌子的大小进行取舍。

（二）年份误区

1969 年、1975 年、1982 年、1997 年、2000 年、2005 年……下一个传奇年份何时出现？所谓好年份，主要是指当年的天气适合葡萄的生长和收成，从而为酿造完美的葡萄酒打下基础，年份对于葡萄酒来说至关重要。可是，世界如此之大，任何两个产区的气候怎么能一样？比如 1985 年，法国炎热的气候使得葡萄成熟度非常高，被认为是一个不错的年份，而同年的加州，收获时节的大雨彻底浇灭了酒厂的雄心壮志，但也有预见性的酒厂（如肯德尔·杰克逊酒庄）将收成时间提前，同样收获了一个好年份，所以 1985 年算不算是好年份呢？可见，单凭年份选酒是很有风险的，最好是找到好年份的酒后，再考量一下当年酒厂的收成情况。

（三）评分误区

有些人喜欢大谈特谈哪瓶酒被帕克打了高分，甚至会在买酒时向售货员询问某瓶酒的分数，这些酒评家有一定的权威性，他们对酒的评价和打分对消费的指导意义不容忽视，但过分依赖就不可取了。酒评家不是精密的仪器，品酒打分时会受主客观因素的影响，比如心情、个人偏好、身体状况等，难怪帕克都承认会出现打分偏高或偏低的情况。再比如，帕克和著名女酒评家罗宾逊对2003年是否是好年份的争议也会让人们对其评分无所适从。从另外的角度讲，这些酒评家就像给宫内秀女们画像的画师，他们既可以将一个资质平平的秀女描绘得脱胎换骨，成为人中之凤，同样也能将人间尤物贬得一无是处，难以翻身，不然也就没有"昭君出塞"的千古佳话了。

（四）价格误区

"一分钱一份货"的传统观念也会影响葡萄酒消费者。从品质上说，这些高价酒大多是极品，问题是你乐不乐意为其中的附加值买单。目前，高价酒已成为品位和身份的象征，一边喝着1996年的木桐，一边和朋友讲讲该酒标的设计者中国书画家古干，感觉确实不错。大部分高价酒都有悠久的历史和丰厚的文化底蕴，但这种酒之外的享受是需要你买单的。曾经有个简单的测试，把一瓶高价酒和其他普通酒放在一起让十几个一般消费者盲品，结果只有两人发现了高价酒的卓尔不群，可见对于普通自用消费者来说，性价比应该是比较理性的选择。

（五）产区误区

曾几何时，法国就是葡萄酒的代名词。随着葡萄酒文化的传播，越来越多的人知道意大利、西班牙也属于葡萄酒的传统产区，酿酒史和葡萄酒的品质可以和法国分庭抗礼，而美国、澳大利亚、智利等后起之秀也能酿出高质量的葡萄酒，正所谓"英雄莫问出处"。况且，葡萄酒生产也有了全球化的趋势，一瓶葡萄酒可能是用美国当地的黑皮诺葡萄，酿酒师是从勃艮第请来的，而设备是德国造的。特别是一些大的葡萄酒生产商，像法国BPDR集团，在智利等很多国家都购买了酒庄实行本地化生产。

（六）等级误区

法国的葡萄酒分级制度是最严谨的。最经典的1855年波尔多梅多克酒庄分级已经沿用100多年。目前其准确性也逐步受到挑战，如目前还身处第五级的Château Lych-Bages和第四级的Château Talbot已经公认为具备了二级庄的水准，毕竟100年的时间对于提升酒庄的档次来说已足够了。波尔多另一产区圣达米伦每十年会更新一次他们的分级，虽然操作过程中有不和谐音符，但对促进酒庄发展、指导消费者选购是非常有意义的。另一个葡萄酒传统强国意大利也在考虑调整其分级系统，严格按照DOCG、DOC、ITG和VDT的级别由高到低重新整合。

十三、葡萄酒礼仪

（一）品酒时间

理想的品酒时间是在饭前，品酒之前最好避免先喝烈酒、咖啡、吃巧克力、抽烟或嚼槟榔。专业性的品酒活动，大多选在 10：00—12：00 点举办，这个时段人的味觉最灵敏。

（二）酒杯

①葡萄酒杯的杯口应该收口，以便酒香能在杯中聚集。

②杯肚应该大一点，这样可以让酒在杯中作充分的晃动。

③杯子必须有一个杯脚，这样手的温度不会加热杯中的酒。

④酒杯应该清晰透明，这样可以很好地观察酒的颜色。

（三）开瓶

优美的开瓶动作是一种艺术。开酒时，先将酒瓶擦干净，再用开瓶器上的小刀沿着瓶口凸出的圆圈状的部位，切除瓶封。注意，最好不要转动酒瓶，因为可能会将沉淀在瓶底的杂质"惊醒"。切除瓶封后用布或纸巾将瓶口擦拭干净，再将开瓶器的螺丝钻尖端插入软木塞的中心（如果钻歪了，容易拔断木塞），沿着顺时针方向缓缓旋转以钻入软木塞中，用手握住木塞，轻轻晃动或转动，轻轻地、安静地、有气质地拔出木塞。再用布或纸巾将瓶口擦干净，就可以倒酒了。

（四）醒酒

葡萄酒的香气通常需要一些时间才能明显地发散出来。醒酒的目的是散除异味及杂味，并与空气发生氧化。开酒后可以把酒倒进醒酒器，然后轻摇，这样对酒味的散发有很大的帮助，在旋转晃动时，酒与空气接触的面积增大，加速了氧化作用，让酒的香味更多地释放出来。

（五）闻酒

第一次先闻静止状态的酒，然后晃动酒杯，促使酒与空气接触，以便酒的香气释放出来。再将杯子靠近鼻子前，吸气，闻一闻酒香。与第一次闻的感觉做比较，第一次的酒香比较直接和轻淡，第二次闻的香味比较丰富、浓烈和复杂。闻酒时，应探鼻入杯中，短促地轻闻几下，不是长长地深吸，闻闻酒是否芳香，是否有清纯的果香或气味粗劣、闭塞、清淡、新鲜、酸的、甜的、浓郁、腻的、刺激、强烈或带有酸涩感。

（六）尝酒

让酒在口中打转，或用舌头上下、前后、左右快速搅动，这样舌头才能充分品尝三种主要味道：舌尖的甜味、两侧的酸味、舌根的苦味。整个口腔上颚、下颚充分与酒液接触，去感觉酒的酸、甜、苦涩、浓淡、厚薄、均衡谐调与否，然后才吞下体会余韵回味。

（七）佐餐

在吃鸡肉、牛肉等肉类时，一般都要搭配饮用红葡萄酒；在吃各种鲜贝、大虾、螃蟹以及名贵的鱼类时，一般都要搭配饮用白葡萄酒，白葡萄酒具有新鲜幽雅果香及酒香、细腻、醇正、爽净的特点，更能突出各种菜肴的风味。

（八）上酒

如果你要宴请客人，可以先上白葡萄酒，后上红葡萄酒；先上新酒，后上陈酒；先上淡酒，后上醇酒；先上干酒，后上甜酒；酒龄较短的葡萄酒先于酒龄长的葡萄酒。

（九）斟酒

宴会开始前，主人先给客人斟酒，以示礼貌。给客人斟酒时不宜太满，红葡萄酒以 1/3 杯为好，白葡萄酒以 2/3 杯为好。香槟酒斟入杯中时，应先斟到 1/3 杯，待酒中泡沫消退后，再往杯中续斟至七分满即可。

十四、葡萄酒的购买渠道解析

（一）酒庄购酒——先尝后买

大多葡萄酒产区同时也是旅游胜地，拥有许多旅游甚至美食资源吸引着游客。无论是濒海还是内地，适合种植酿酒葡萄的地区，夏季的气候总是宜人的。葡萄酒产地旅游、参观酒庄成为常见的旅游项目，在酒庄既可以耳闻目睹葡萄酒生产的全过程，又可以直接品尝葡萄酒，发现能够打动自己的酒，买一些丰富自家酒窖，又可作为旅游的记录。

当然在酒庄购买葡萄酒时价格并无优势，因为酒庄在定价时总是要保护自己固定的销售渠道。其实即使一样的价格，你已经获得超值享受了，因为你了解到瓶子背后更多的故事。

（二）专卖店购酒——专业服务

葡萄酒销售与消费市场比较成熟的地区，就会出现专门经营葡萄酒及其相关产品的专卖店。到葡萄酒专卖店购买也是一个很好的购买途径，在这里购买葡萄酒的同时还可以获得专业的服务；对于葡萄酒收藏者而言，在专卖店有时能看到自己心仪已久的稀世佳酿；对于不是很清楚自己购买需求的消费者（只是认为需要购买点葡萄酒）来说，专卖店也可以提供相应的顾问服务。

由于专卖店提供了专业性服务，如葡萄酒储存的专业条件等，因此通常葡萄酒的价格往往较高，或者说普通的葡萄酒不需要通过专卖店这种渠道。

（三）超市购酒——价格优势

超级市场商品琳琅满目，面对生活节奏越来越快的压力，更多的人选择这种一站式购物方式。商品种类齐全、价格低，成为超市经营吸引顾客的重要法宝。几乎所有大中型连锁超市都有葡萄酒专区，超市购买葡萄酒自然也就是最容易、最普遍的方式。比如家乐福、麦德龙、欧尚、沃尔玛、万客隆、华联等。

超市中也经常会举办葡萄酒与美食的促销活动，可以买到打折的葡萄酒。到超市买酒最大的优势是方便、价格便宜，但是在超市买到令人失望的葡萄酒的概率要大于前两种途径。

（四）酒展购酒——足不出户，通吃各地

尽管展会上通常不能销售，但撤展前通常是可以跟参展者协商的。随着葡萄酒消费市场日益增长，一些葡萄酒的博览会、展销会也就频频出现，甚至在酒店用品、美食等展览会中也会有葡萄酒的身影。在酒展上，葡萄酒品种琳琅满目，虽然看不到酒庄建筑与风景的壮丽，但是同样可以先尝后买，并且可以"通吃"各地的庄园。

但是，很多专业性的酒博览会往往限制一般参观性访问，只接纳专业内的人士，至少在最初的几天是这样。参加酒展时不要过于吝惜自己的赞美之词，有时候会有意外收获。

（五）网上购酒——便捷与风险同在

随着网络的普及，网上购物也越来越流行。网上购买葡萄酒为发烧友寻找稀缺的、独特的小众珍品提供了便利，但是由"虚"的网络与信息到"实"的钱与酒的转换中，风险显然大于一手交钱一手交货的对等交易。

十五、著名的葡萄酒

（一）罗曼尼·康帝干红葡萄酒

由罗曼尼·康帝特级葡萄园出产的罗曼尼·康帝干红葡萄酒是法国毋庸置疑的帝王之酒，年产量极其稀少，仅有 5 500 瓶，甚至不够那些有心购买的亿万富翁瓜分。在伦敦、纽约和香港各大都市的葡萄酒拍卖会上，罗曼尼·康帝就像是武林传奇中的"独孤求败"，其价格遥遥领先于其他名酒。它是葡萄酒收藏家和投资家争相抢夺的稀有佳酿，因为其身上蕴含着丰厚的投资回报。

（二）柏图斯庄园正牌干红葡萄酒

柏图斯庄园正牌干红葡萄酒位列波尔多产区八大名庄酒款之首，是目前波尔多质量最好、价格最贵的酒王之王。它是英国女王伊丽莎白的婚宴用酒，曾是白宫主人肯尼迪总统的最爱。柏图斯是波尔多右岸波美侯（Pomerol）产区最知名的酒庄，该酒庄不生产副牌酒，力求酿出最优质的葡萄酒，遇到不好的年份不产酒，因此葡萄酒年产量不超过 3 万瓶，价格昂贵。柏图斯干红采用 100% 梅洛酿制，酒色深浓，香气复杂（黑加仑、黑莓、薄荷、奶油、巧克力、松露、牛奶和橡木等），口感丝滑，余韵悠长。

（三）玛姆红带香槟

1875 年，玛姆红带香槟诞生于法国，以拿破仑用来表彰卓著功勋的红绶带为标志。1881 年，玛姆香槟成为第一款出口到美国的香槟，并持续在这个全球最重要的香槟市场上保持领导地位。自 2000 年以来，F1 方程式赛车颁奖台上的冠军选手拿着庆祝的就

是玛姆香槟。这款以百分之百夏东内葡萄（Chardonnay）酿制的白葡萄香槟（Blanc de Blancs），全来自卡门地区最顶级的葡萄园。清爽的鲜果、柠檬和葡萄柚的口感是吃生猛海鲜的最好搭档。

（四）伊慕沙兹堡雷司令逐粒枯萄精选甜白葡萄酒

伊慕酒庄位于德国摩泽尔产区，所产雷司令葡萄酒享有"德国雷司令之王"的美誉，而这款伊慕沙兹堡称得上是德国最好的雷司令，逐粒枯葡精选葡萄酒（TBA）中的王者。其口感香甜浓郁，有足够的酸度来平衡口感，余味悠长。不过，该酒只在极好的年份才会酿造，平均年产量在 200 ~ 300 瓶，且为 375 mL 装，单瓶均价为 6 624 美元。

（五）拉图庄园红葡萄酒

拉图庄园红葡萄酒来自法国五大名庄之一，雄性气质。因为庄园中有一个历史悠久的塔，拉图庄园即以"塔"命名，堪称全球最昂贵的酒园。拉图陈放 10 ~ 15 年才会完全成熟。成熟后的拉图有极丰富的层次感，酒体丰满而细腻。正如一位著名的品酒家所形容的，拉图犹如低沉雄厚的男低音，醇厚而不刺激，优美而富于内涵，是月光穿透层层夜幕洒落的一片银色。

| 罗曼尼·康帝干红葡萄酒 | 柏图斯庄园正牌干红葡萄酒 | 玛姆红带香槟 | 伊慕沙兹堡雷司令逐粒枯萄精选甜白葡萄酒 | 拉图庄园红葡萄酒 |

十六、葡萄酒的饮用与保存

（一）葡萄酒的饮用

白葡萄酒通常宜先冷藏 7 ~ 10 ℃（可置入冰箱 1 ~ 2 h），开瓶后即可饮用；红葡萄酒在室温为 15 ~ 18 ℃时饮用口感最佳，如果能在喝酒前半小时打开瓶塞，让红葡萄酒与空气接触，香味更加清香持久。

（二）葡萄酒的保存

存放酒的适宜温度：存酒的温度既不能过高，也不能过低。白葡萄酒的存放温度为 10 ~ 12 ℃，红葡萄酒的存放温度为 15 ~ 18 ℃时最宜饮用。如果温度过低，葡萄酒会失去香味。

任务九 认识啤酒

啤酒认知

一、啤酒的含义

啤酒（Beer）是人类最古老的酒精饮料，是水和茶之后世界上消耗量排名第三的饮料。20世纪初啤酒传入中国，属于外来酒种。啤酒是以麦芽（包括特种麦芽）为主要原料，以大米或其他谷物为辅助原料，经麦芽汁制备、加酒花煮沸，并经酵母发酵酿制而成，含有二氧化碳、起泡、低酒精度的各类熟鲜啤酒。目前国际上的啤酒大部分均添加辅助原料。有的国家规定辅助原料的用量总计不超过麦芽用量的50%。但在德国则禁止使用辅料，所以典型的德国啤酒，只利用大麦芽、啤酒花、酵母和水酿制而成。小麦啤酒则是以小麦为主要原料酿制而成的。在德国，除出口啤酒外，德国国内销售的啤酒一概不使用辅助原料。

啤酒被称为液体面包，是一种低酒精度饮料。由于啤酒乙醇含量较低，故喝啤酒不但不易醉人伤人，少量饮用反而对身体健康有益。

二、啤酒的起源

啤酒是怎么诞生的呢？公元前8000多年前的新石器时代，当时的游牧民族还以狩猎为生。一次偶然的机会，游牧民族发现被雨浸泡过的野生大麦，通过空气中的自然酵母菌，发酵出一种带有气泡的液体。有人冒险尝试了一下，发现这种液体甜甜的，喝完后令人兴奋，啤酒就这么诞生了。

当新石器时代的游牧民族发现这种美味的液体后，开始有意识地收集野生大麦和小麦，并尝试人工种植，收集的大麦就是用来酿造这种美味的液体。他们把大麦浸泡在水里，利用空气中的自然酵母菌，让其自然发酵就形成了人类最早酿造啤酒的雏形。以前狩猎，一是食物不便于储存，二是为了生存每天都要到处奔波。现在有了能储存的粮食和美味的液体，人们就不想挪窝了，于是开始了群居生活，并大量地种植谷物。所以说啤酒是游牧民族从狩猎社会进入农耕社会的巨大推动力，这也是啤酒为世界人类发展做出的第一次贡献。

随着农耕社会的到来与发展，居住在两河流域美索不达米亚平原的苏美尔文明，终于呈现在世人面前。作为人类历史上早期的文明之一，苏美尔人在公元前3200年左右发明了楔形文字，开创了人类有文字记载的历史。除了使用文字，苏美尔人也使用陶轮和犁进行耕种，并且掌握了雕刻等工艺技术，建造了大型的建筑物。就在苏美尔人孜孜不倦地推进人类历史进程的同时，他们也做了另外一件事，那就是喝啤酒。在美索不达米亚平原地区发现的大量古代图案中，有一幅刻制于公元前4000年，显示了两个人利用苇管从坛子里喝啤酒的场景，这是有关人类喝啤酒的最早记录。也正是在公元前 4000 年左右，喝啤酒开始在美索不达米亚地区慢慢普及。考古学家试着从楔形文字中寻找啤酒的蛛丝马迹，他们发现在一份单词表中，有 160 多个词语都与啤酒有关，足见啤酒对苏美尔人的重要性。

啤酒成了苏美尔人区分文明与野蛮的分界线。《吉尔伽美什史诗》是世界上最古老的文学作品之一。吉尔伽美什是曾经的苏美尔王，在他去世后苏美尔人以及后来生活在两河流域的阿卡德人和巴比伦人以他的故事为原型，创作了这部神话史诗。《吉尔伽美什史诗》讲述了吉尔伽美什与他的朋友恩奇都冒险的故事。恩奇都是女神阿鲁鲁创造的一个野蛮人，他"不认人，没有家，跟羚羊一同吃草，与野兽挨肩擦背，和牲畜共处"，一位女子指引恩奇都走上了文明的道路。她与恩奇都来到一个牧羊村，在这里人们在桌上摆放了面包和啤酒，但恩奇都不知道面包怎么吃，也不知道啤酒怎么喝。于是，女子对恩奇都说："吃下这食物吧，恩奇都，这是人生的常规。喝下啤酒，这是大地的恩赐。"恩奇都饱餐了一顿，并连着喝了 7 杯啤酒。"他情绪失控，高谈阔论，喜极高歌。他满面春风，以水净身，全身涂油，终于开化。"苏美尔人认为，食用面包与饮用啤酒是进入文明的标志。

到公元前 2000 多年前，苏美尔王朝彻底破灭。古巴比伦人接管了美索不达米亚平原，也接管了啤酒的酿造技术。那时候的古巴比伦人已经能酿造 20 种啤酒了。当时古巴比伦人已经用啤酒来招待客人。古巴比伦国王汉谟拉比颁布了《汉谟拉比法典》，法典规定了每人每天的啤酒饮用量，汉谟拉比国王还写过一本啤酒酿造法。古巴比伦人最先把啤酒输送到其他地区。

他们酿造的一种窖藏啤酒深受 1 000 多千米以外的古埃及人的喜爱。古埃及人继苏美尔人、古巴比伦人之后，把古代啤酒推向高峰，创造了啤酒的辉煌。当时的希腊人也喜欢喝啤酒，他们在埃及人那里学到了酿酒的技术，并把啤酒酿造技术传入欧洲。

我国古代的原始啤酒有 4 000 ~ 5 000 年的历史，但是市场消费的啤酒是到 19 世纪末随着帝国主义的经济侵略而进入的。我国建立的最早的啤酒厂是 1900 年由沙皇俄国在哈尔滨八王子建立的乌卢布列夫斯基啤酒厂（哈尔滨啤酒有限公司的前身）；此后五年时间里，俄国、德国、捷克分别在哈尔滨建立了另外三家啤酒厂；1903 年英国和德国商人在青岛开办英德酿酒有限公司（青岛啤酒有限公司的前身），生产能力为 2 000 t。我国现代啤酒发展迅猛，2012 年我国以年产约 490 亿 L 啤酒成为世界最大的啤酒生产国。其次依次为美国、巴西、俄罗斯，德国位居第五。同时，我国也成为全球消费啤酒最多的国家。

三、啤酒的分类

啤酒是当今世界各国销量最大的低酒精度的饮料，品种多样，一般可根据啤酒色泽、所用的酵母、麦汁浓度、生产方式、包装容器、原料、不同需求等进行分类。

（一）按啤酒色泽分类

1. 淡色啤酒

淡色啤酒的色度在 3 ~ 14 EBC 单位（EBC 是欧洲啤酒协会的简称，在这里指经欧洲酿酒协会认可的色度标准）。色度在 7 EBC 单位以下的为淡黄色啤酒；色度在 7 ~ 10 EBC 单位的为金黄色啤酒；色度在 10 EBC 单位以上的为棕黄色啤酒。其口感特点是酒花香味突出，口味爽快、醇和。

2. 浓色啤酒

浓色啤酒的色度在 15 ~ 40 EBC 单位，颜色呈红棕色或红褐色。色度在 15 ~ 25 EBC 单位的为棕色啤酒；25 ~ 35 EBC 单位的为红棕色啤酒；35 ~ 40 EBC 单位的为红褐色啤酒。其口感特点是麦芽香味突出，口味醇厚，苦味较轻。

3. 黑啤酒

黑啤酒的色度大于 40 EBC 单位。一般在 50 ~ 130 EBC 单位，颜色呈红褐色至黑褐色。其口感特点是原麦汁浓度较高，焦糖香味突出，口味醇厚，泡沫细腻，苦味较重。

4. 白啤酒

白啤酒是以小麦芽生产为主要原料的啤酒，酒液呈白色，清凉透明，酒花香气突出，泡沫持久。

（二）按所用酵母分类

1. 上面发酵啤酒

上面发酵啤酒是以上面酵母进行发酵的啤酒。麦芽汁的制备多采用浸出糖化法，啤酒的发酵温度较高。例如，英国的爱尔（Ale）啤酒、斯陶特（Stout）黑啤酒以及波特（Porter）黑啤酒。

2. 下面发酵啤酒

下面发酵啤酒是以下面酵母进行发酵的啤酒。发酵结束时酵母沉积于发酵容器的底部，形成紧密的酵母沉淀，其适宜的发酵温度较上面酵母低。麦芽汁的制备宜采用复式浸出或煮出糖化法。例如，捷克的比尔森啤酒（Pilsener Beer）、德国的慕尼黑啤酒（Munich Beer）以及我国的青岛啤酒均属此类。

（三）按原麦汁浓度分类

1. 低浓度啤酒

原麦汁浓度为 2.5% ~ 8%，酒精度为 0.8 ~ 2.2 度。近些年来产量逐增，以满足低酒精度以及消费者对健康的需求。酒精度少于 2.5 度的低醇啤酒，以及酒精度少于 0.5 度的无醇啤酒也属于此类。他们的生产方法与普通啤酒的生产方法一样，最后经过脱醇方法将酒精分离。

2. 中浓度啤酒

原麦汁浓度为 9% ~ 12%，酒精度为 2.5 ~ 3.5 度。淡色啤酒几乎均属于此类。

3. 高浓度啤酒

原麦汁浓度为 13% ~ 22%，酒精度为 3.6 ~ 67 度。多为浓色或黑色啤酒。苏格兰啤酒厂推出了一款名为"蛇毒"（Snake Venom）的啤酒，以高达 67 度的酒精度成为有史以来最强劲的啤酒。

（四）按生产方式分类

1. 鲜（生）啤酒

啤酒酿造好以后，不经过高温杀菌，只经过一次简易的过滤就直接灌装。因其未经灭菌，保存期较短，在低温下一般可存放 7 天左右。一般就地销售多用桶装。相比普通的啤酒，生啤有更加纯正清爽的口感，清醇透亮的金黄色泽，还有洁白细腻的泡沫，让人感觉到啤酒的新鲜度。

2. 纯生啤酒

啤酒包装后，不经过巴氏灭菌或瞬时高温灭菌，而采用物理方法进行无菌过滤（微孔薄膜过滤）及无菌灌装，从而达到一定生物、非生物和风味稳定性的啤酒。此种啤酒口味新鲜、淡爽、纯正，啤酒的稳定性好，保质期可达半年以上。包装形式多为瓶装，也有听装的。

3. 熟啤酒

熟啤酒是指啤酒包装后，经过巴氏灭菌或瞬时高温灭菌的啤酒。此种啤酒保质期较长，可达三个月以上。包装形式多为瓶装或听装。

（五）按包装容器分类

1. 瓶装啤酒

国内主要采用 640 mL、500 mL、350 mL、330 mL 四种规格。以 640 mL 为主，规格为 500 mL 的近年发展较快。装瓶时要求净含量与标签上标注的体积之负偏差：小于 500 mL/ 瓶，不得超过 8 mL；等于或大于 500 mL/ 瓶，不得超过 10 mL。

2. 听装啤酒

听装啤酒所用制罐材料一般采用铝合金或马口铁。听装啤酒多为 355 mL 装和 500 mL 装两种规格。国内大多采用 355 mL 这一规格。装听时要求净含量与标签上标注的体积为负偏差：小于 500 mL/ 听，不得超过 8 mL；等于或大于 500 mL/ 听，不得超过 10 mL。听装啤酒较轻，携带方便，多为杀菌熟啤酒，酒的口感评价常不如瓶装啤酒。

3. 桶装啤酒

国内桶装啤酒可分为桶装鲜啤和桶装扎啤两种类型。

桶装鲜啤是不经过瞬间杀菌后的啤酒，主要是产地销售，也有少量外地销售。包装容器材料主要有木桶和铝桶。

桶装扎啤是经过瞬间杀菌后的啤酒，也有不采用巴氏杀菌但须加强过滤。可运往外地销售，大多采用不锈钢桶包装。容量有 2 L、5 L、10 L、15 L、20 L、30 L、50 L、100 L 以上不等，以 20 L、30 L、50 L 者居多。

（六）按啤酒生产使用的原料分类

1. 加辅料啤酒

生产所用原料除麦芽外，还加入其他谷物作为辅助原料，利用复式浸出或复式煮出糖化法酿制的啤酒。生产出的啤酒成本较低，口味清爽，酒花香味突出。

2. 全麦芽啤酒

遵循德国的纯粹法，原料全部采用麦芽，不添加任何辅料，采用浸出或煮出糖化法酿制的啤酒。生产出的啤酒成本较高，但麦芽香味突出。

3. 小麦啤酒

以小麦芽为主要原料（占总原料的 40% 以上），采用上面发酵法或下面发酵法酿制的啤酒。生产出的啤酒具有小麦啤酒特有的香味，泡沫丰富、细腻，苦味较轻，其他指标应符合淡色（或浓色、黑色）啤酒的技术要求。

（七）按不同需求分类

由于消费者的年龄、性别、职业、健康状态以及对啤酒口味嗜好的不同，因而必然存在适合不同需求的特种啤酒。

1. 低（无）醇啤酒

酒精度为 0.6 ~ 2.5 度的淡色（或浓色、黑色）啤酒即为低醇啤酒，低于 0.5 度的为无醇啤酒，适合司机或不会饮酒的人饮用。

2. 干啤酒

干啤酒是指啤酒的真正发酵度为 72% 以上的淡色啤酒。此啤酒残糖低，二氧化碳含量高，故具有口味干爽、杀口力强的特点。由于糖的含量低，属于低糖、低热量啤酒，适宜于糖尿病患者饮用。20 世纪 80 年代末由日本朝日公司率先推出，推出后大受欢迎。

3. 冰啤酒

冰啤酒并不是说冷冻过后的啤酒，也不是说往啤酒里加冰块，是因啤酒的生产过程特殊而命名的。使用冰点过滤的技术使啤酒变得更加清澈，且其酒精度要比普通啤酒高一些，现在的年轻人都特别喜欢喝冰啤酒。

4. 头道麦汁啤酒

头道麦汁啤酒即利用过滤所得的麦汁直接进行发酵，而不掺入冲洗残糖的二道麦汁，具有口味醇爽、后味干净的特点。头道麦汁啤酒由日本麒麟啤酒公司率先推出，目前麒麟公司在我国珠海的厂中已经推出，名为一番榨。

5. 果味啤酒

果味啤酒是指一种在啤酒中加入果汁的啤酒，酒精度低，有酸甜感，富含多种维生素、氨基酸，酒液清亮，泡沫洁白细腻，属于天然果汁饮料型啤酒，适合于妇女、老年人饮用。

6. 暖啤酒

暖啤酒是指在普通麦芽的基础上添加一些新成分，经过特殊加工制成的啤酒。多数厂家开发的暖啤酒含有姜汁或枸杞，有预防感冒和胃寒的作用。其他指标应符合淡色（或浓色、黑色）啤酒的技术要求。

7. 浑浊啤酒

浑浊啤酒是指在成品中含有一定量的活酵母菌或显示特殊风味的胶体物质，浊度为 2.0 ~ 5.0 EBC 浊度单位的啤酒，具有新鲜感或附加的特殊风味。除外观外，其他指标应符合淡色（或浓色、黑色）啤酒的技术要求。

8. 绿啤酒

在啤酒中加入天然螺旋藻提取液，富含氨基酸和微量元素，啤酒呈绿色，价格偏贵。

9. 原浆啤酒

原浆啤酒是全程无菌状态下酿造出来的直接从发酵罐中分装的嫩啤酒原液，是高档且最新鲜的啤酒，完全保留了发酵过程中产生的氨基酸、蛋白质及大量的钾、镁、钙、锌等微量元素，其中最关键的就是保留了大量的活性酵母，能有效地提高人体的消化和吸收功能。与其他啤酒相比，原浆啤酒就是没有加水、不经过过滤和高低温杀菌，让其自行发酵，保留鲜活酵母的生啤酒原液，这是所有啤酒中最新鲜、最原始的啤酒。

四、啤酒的风格

啤酒的风格，简而言之就是对啤酒风格标签化，能体现这类啤酒的风格和特征，以及这类啤酒的来源和变迁。通常来说，这种标签化的命名一般经过了多个世纪的酝酿和市场考验，通常被消费者和经销商所广泛接受。

啤酒的风格大体上可以分为德国风格、比利时风格、英国风格、新世界风格。

（一）德国风格

德国风格的酒可分为三大类：北部的拉格、南部的小麦啤酒和酸啤。德国拉格麦香很突出，由于不能使用香料，德国酒花香气也不明显，而拉格酵母的味道很清淡，所以德国拉格的风味里麦芽是最明显的，对麦芽的各种特殊处理也能体现在酒的风味里，比如淡色拉格的清爽干脆、博克的焦糖味、朗客的烟熏味等。德国南部的艾尔啤酒尤其是以巴伐利亚地区为代表的德国小麦啤酒则有明显的酵母酯香味，最明显的是香蕉香、丁香香，无论是什么颜色的小麦啤酒都有这两种香气，尤其是香蕉香。最后德国还有两种古老的酸啤酒——柏林白啤酒和莱比锡白啤酒，这两种酒都起源于德国，但是如今在德国已经很难见到，反倒在美国流行起来。这两种酸啤酒有着截然不同的个性：柏林白啤酒极为锐利，酸味横冲直撞，压过所有其他味道，需要配合糖浆一起饮用；而莱比锡白啤酒由于使用了香料和海盐，虽然酸味也占据主导地位，但是仍然能尝到甜苦咸这些味道。

（二）比利时风格

比利时风格的酒可以分为两大类：艾尔、酸啤。传统比利时风格的几乎所有艾尔类啤酒都有着浓郁的酵母风味——香蕉、丁香、苹果、梨，胡椒是典型的比利时酵母的味道；还有一些比利时风格的艾尔香料的味道也会比较突出，比如芫荽籽、橙皮等。比利时的酸啤酒和其他国家的酸啤风格相比要含蓄、复杂、有内涵得多。相比另一个大酸啤风格——美式野生艾尔，比利时酸啤的酸味要更加内敛，而其他风味，比如水果香气、野生酵母的霉香、木桶味道都会有非常清晰且有层次地表达。

（三）英国风格

英国虽然有各种类型的酒，从清淡的 Pale Ale 到浓郁的 Barleywine，Old Ale，Wee Heavy。但是几乎所有英国风格的啤酒都相对温和，平衡，麦香出色。即使是在英国风格中相对浓郁的风格，比如英式 Barleywine、英式 Imperial Stout 相对于美式版本的酒款要柔和很多，酒精度和苦度都要低一些。而在英式风格的酒中，尤其是深色艾尔中，馥郁饱满的蜂蜜香和太妃糖香气是最有地域特点的麦芽香气。

（四）新世界风格

新世界风格主要是以美国风格的拉格、艾尔和酸啤为代表。美式风格最大的特点，是强烈，甚至极端。各种美式风格的酒款都会把它的特征部分无限放大。在味道上，淡色美式风格的啤酒很多会有比较突出的酒花香气和味道，如果一款酒有着西柚香、松脂香、柑橘香，或者热带水果香，那这一定是一款美式啤酒。另外，过桶陈酿也是近些年来美式风格的一大特色，尤其是波本桶陈酿的各种酒款都是美国酒厂的最爱，如果一款深色的艾尔带着浓郁强劲的波本威士忌味道，那不用问一定是美国风格。此外，美式酸啤虽然源自比利时酸啤，但是由于发酵方式不同，风味上也有着不小的差别，美式酸啤一般来说酸得更加直接，酸味也更加强烈，其他味道的层次感比起比利时酸啤来要稍逊一等。

五、啤酒的原料和生产工艺

（一）啤酒的原料

啤酒的主要成分是大麦芽、啤酒花、酵母、水。这些原料都是纯天然物质，如德国的啤酒厂大都还按照 1516 年皇家颁布的德国纯粹法令，只使用这 4 种原料，其他大部分的国家或地区在啤酒中都有添加辅助原料如玉米、米、蔗糖、小麦、淀粉、水果、蜜糖等。这些辅助原料使啤酒呈现不同的风味，如美国啤酒大多添加玉米，使其味道较淡；中国台湾和日本则习惯添加米，使味道稍甜；德国啤酒不加辅助原料，味道香浓醇厚。

1. 麦芽

麦芽由大麦制成。大麦是一种坚硬的谷物，成熟比其他谷物快得多，正因为用大麦制成麦芽比小麦、黑麦、燕麦快，所以才被选作酿造的主要原料。

2. 酒花

酒花（Hop），拉丁学名是蛇麻，我国俗称蛇麻花、啤酒花、忽布子等，是一种多年生缠绕草本植物，属桑科葎草属，有的植株生长期可长达50年，叶子呈心状卵形，常有3～5个裂片，叶面非常粗糙，主枝按顺时针方向右旋攀援而上。只有雌株才能结出花体，每年6—7月开始开花，盛开之时，香飘十里。

啤酒花作为啤酒工业的原料开始使用于德国。世界啤酒花主要产地在欧洲、美国、俄罗斯、英国，在中国和日本也有少量栽植。中国人工栽培酒花的历史已有半个世纪，始于东北，目前在新疆、甘肃、内蒙古、黑龙江、辽宁等地都建立了较大的酒花原料基地。

酒花对啤酒的质素有很大影响，酿造啤酒是不能没有它的。酒花的主要成分有 α-酸和 β-酸，以及酒花油和多酚物质。它使啤酒具有独特的苦味和香气并有防腐和澄清麦芽汁的功能，同时它提供啤酒的特有风味。

3. 酵母

酵母是真菌类的一种微生物。在啤酒酿造过程中，酵母是魔术师，是发酵的灵魂，它把麦芽中的糖分发酵成啤酒，产生酒精、二氧化碳和其他微量发酵产物。这些微量但种类繁多的发酵产物与其他那些直接来自麦芽、酒花的风味物质一起，组成了成品啤酒诱人而独特的味道。

有两种主要的啤酒酵母菌：顶酵母和底酵母，用显微镜看时，顶酵母呈现的卵形稍比底酵母明显。顶酵母名称的得来是由于发酵过程中，酵母上升至啤酒表面并能够在顶部撇取。底酵母则一直存在于啤酒内，在发酵结束后最终沉淀在发酵桶底部。顶酵母产生淡色啤酒，烈性黑啤酒，苦啤酒。底酵母产出拉格啤酒和比尔森啤酒。

4. 水

每瓶啤酒90%以上的成分是水，水在啤酒酿造的过程中起着非常重要的作用。水是啤酒的血液，水中的无机物的含量、有机物和微生物的存在会直接影响啤酒的质量。一般啤酒厂都需要建立一套酿造用水的处理系统。也有些啤酒厂采用天然高质量的水源，甚至采用冰川雪水来酿造啤酒的。不同的水源有不同的矿物成分。通常情况下，软水适合酿造淡色啤酒，碳酸盐含量高的硬水适合酿造浓色啤酒。

5. 辅助材料

（1）精炼糖

在某些啤酒中精炼糖是重要的添加物。它使啤酒颜色更淡，杂质更少，口味更加爽快。一般通过加入大米来获取精炼糖，使啤酒的口味更加清爽，以符合部分消费者口味的需要。

（2）酶制剂

啤酒酿造是利用麦芽自身酶或外加酶使其高分子不溶物质分解成可溶性低分子物质，经添加酵母发酵得到含有少量酒精、二氧化碳和多种营养成分的饮料酒的过程。然而正确使用酶制剂，合理利用酶生物技术，不仅对稳定和提高啤酒质量有益，而且对降低生产成本、弥补麦芽质量缺陷、增加花色品种、提高效益都大有好处。酶制剂种类很多，功效不一，使用在啤酒生产过程中的工序也不一样。目前，啤酒生产常用酶制剂有耐高温 α - 淀粉酶、糖化酶、蛋白酶、复合酶、α - 乙酰乳酸脱羧酶、溶菌酶等。

总之，优质的原料是保证啤酒的清爽醇香品质的前提，因而世界各大啤酒厂对啤酒酿造原料的质量要求极为严格，原料都是精挑细选的。

（二）啤酒的生产工艺

啤酒生产工艺流程可以分为制麦、糖化、发酵、包装四个工序。

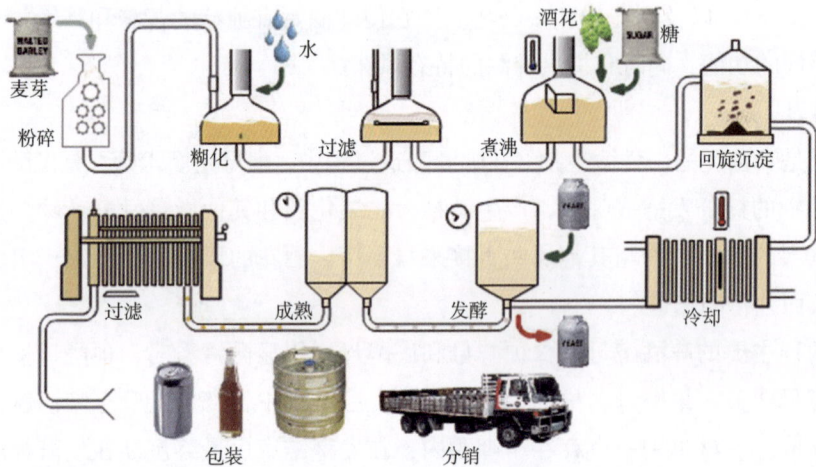

1. 制麦工序

大麦必须通过发芽过程将内含的难溶性淀料转变为用于酿造工序的可溶性糖类。大麦在收获后先贮存 2 ~ 3 月，才能进入麦芽车间开始制造麦芽。

为了得到干净、一级的优良麦芽，制麦前，大麦需先经风选或筛选除杂，永磁筒去铁，比重去石机除石，精选机分级。

制麦的主要过程：大麦进入浸麦槽洗麦、吸水后，进入发芽箱发芽，成为绿麦芽。绿麦芽进入干燥塔 / 炉烘干，经除根机去根，制成成品麦芽。从大麦到制成成品麦芽需要 10 天左右的时间。

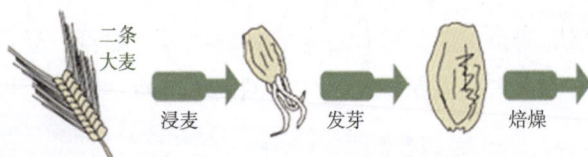

制麦工序的主要生产设备：筛（风）选机、分级机、永磁筒、去石机等除杂、分级设备；浸麦槽、发芽箱/翻麦机、空调机、干燥塔（炉）、除根机等制麦设备；斗式提升机、螺旋/刮板/皮带输送机、除尘器/风机、立仓等输送、存储设备。

2. 糖化工序

麦芽、大米等原料由投料口或立仓经斗式提升机、螺旋输送机等输送到糖化槽顶部，经过去石、除铁、定量、粉碎后，进入糊化锅、糖化锅糖化分解成醪液，经过滤槽/压滤机过滤，然后加入酒花煮沸。在煮沸锅中，混合物被煮沸以吸取酒花的味道，并起色和消毒。在煮沸后，加入酒花的麦芽汁被泵入回旋沉淀槽以去除不需要的酒花剩余物和不溶性的蛋白质。

糊化锅：首先将一部分麦芽、大米、玉米及淀粉等辅料放入糊化锅中煮沸。

糖化槽：往剩余的麦芽中加入适当的温水，并加入在糊化锅中煮沸过的辅料。此时，液体中的淀粉将转变成麦芽糖。

麦汁过滤槽：将糖化槽中的原浆过滤后，即得到透明的麦汁（糖浆）。

煮沸锅：向麦汁中加入啤酒花并煮沸，散发出啤酒特有的芳香与苦味。

糊化锅　　糖化槽　　麦汁过滤槽　　煮沸锅

3. 发酵工序

洁净的麦芽汁从回旋沉淀槽中泵出后，被送入热交换器冷却。随后，麦芽汁中被加入酵母，开始进入发酵的程序。在发酵的过程中，人工培养的酵母将麦芽汁中可发酵的糖分转化为酒精和二氧化碳，生产出啤酒。发酵在8 h内发生并以加快的速度进行，积聚一种被称作"皱沫"的高密度泡沫。这种泡沫在第三或第四天达到它的最高阶段。从第五天开始，发酵的速度有所减慢，皱沫开始散布在麦芽汁表面，必须将它撇掉。酵母在发酵完麦芽汁中所有可供发酵的物质后，就开始在容器底部形成一层稠状的沉淀物。随之温度逐渐降低，在8～10天后发酵就完全结束了。整个过程中，需要对温度和压力做严格的控制。当然啤酒的不同、生产工艺的不同，导致发酵的时间也不同。通常，贮藏啤酒的发酵过程需要大约6天，淡色啤酒为5天左右。发酵结束以后，绝大部分酵母沉淀于罐底。酿酒师们将这部分酵母回收起来以供下一罐使用。除去酵母后，生成物"嫩啤酒"被泵入后发酵罐（或者称为熟化罐中）。在此，剩余的酵母和不溶性蛋白质进一步沉淀下来，使啤酒的风格逐渐成熟。成熟的时间随啤酒品种的不同而异，一般在7～21天。经过后发酵而成熟的啤酒在过滤机中将所有剩余的酵母和不溶性蛋白质滤去，就成为待包装的啤酒。

发酵罐、成熟罐：在冷却的麦汁中加入啤酒酵母使其发酵。麦汁中的糖分分解为酒精和二氧化碳，大约一星期后，即可生成"嫩啤酒"，然后再经过几十天使其成熟。

啤酒过滤机：将成熟的啤酒过滤后，即得到琥珀色的啤酒。

4.包装工序

酿造好的啤酒先被装到啤酒瓶或啤酒罐里。然后经过目测和液体检验机等严格的检查后，再被装到啤酒箱里出厂。成品啤酒的包装常有瓶装、听装和桶装几种包装形式，再加上瓶子形状、容量的不同，标签、颈套和瓶盖的不同以及外包装的多样化，从而构成了市场中琳琅满目的啤酒产品。瓶装啤酒是最为大众化的包装形式，具有最典型的包装工艺流程，即洗瓶、灌酒、封口、杀菌、贴标和装箱。

六、啤酒的营养成分（以1 L啤酒计）

（一）碳水化合物

①糖类物质50 g（如葡萄糖、麦芽糖、麦芽三糖等）。

②蛋白质及其水解物3.5 g（如肽、氨基酸），啤酒中的碳水化合物和蛋白质的比例约为15：1，最符合人体的营养均衡。

③乙醇35 g，是各种饮料酒中酒精含量最低的一种含酒精饮料，适量饮用可以帮助人们抵御心血管疾病，尤其可以冲刷血管中刚形成的血栓。

④二氧化碳50 g，二氧化碳可以帮助人们胃肠运动，也有益于人体解渴。

（二）啤酒中的无机离子

①钠20 mg，啤酒为低钠饮料，不会因为高钠而导致高血压。

②钾80 ~ 100 mg，钠与钾的比例为1：4.5，这一比例最有助于保持细胞内外渗透

压的平衡，也有利于解渴利尿。

③钙 40 mg，钙是人体骨骼生长发育必需的成分。

④镁 100 mg，镁是人体代谢系统中酶作用的重要辅助物质。

⑤锌 0.2 ~ 0.4 mg，锌也是人体代谢系统中酶作用的重要辅助物质，锌离子在啤酒中处于络合态，有利于人体的吸收。1 L 啤酒中的锌镁离子足够人类每日的需要量。

⑥硅 50 ~ 150 mg，一定量的硅有利于保持骨骼的健康，现代人非常注意硅的摄入，某些矿泉水中就是因为含有偏硅酸而受到人们的喜爱。

⑦磷，磷是人体细胞生长必需的离子，1 L 啤酒中的磷含量足以满足人体一天的营养需要。

⑧ pH 值 4.1 ~ 4.4，啤酒的微酸性有利于调节体内的酸碱平衡。

（三）啤酒中的维生素类

①维生素 B_1 0.1 ~ 0.15 mg，B_2 0.5 ~ 0.13 mg，B_6 0.5 ~ 1.5 mg，H 0.02 mg。

②烟酰胺 5 ~ 20 mg，泛酸 0.5 ~ 1.2 mg，胆碱 100 ~ 200 mg。

③叶酸 0.1 ~ 0.2 mg，啤酒中的叶酸有助于降低人体血液中的半胱氨酸含量，而血液中的半胱氨酸含量高会诱发心脏病。

（四）啤酒中的抗衰老物质

现代医学研究证明：人体中的代谢产物——超氧离子和氧自由基的积累，会引发人类的心血管病、癌症和加速衰老。啤酒中的抗氧化物质——从麦芽酒花中得到的多酚或类黄酮，在酿造过程中形成的还原酮、类黑精以及酵母分泌的谷胱甘肽等，都是减少氧自由基最好的还原性物质。特别是多酚中的酚酸、香草酸和阿魏酸，可以避免对人体有益的低密度脂（LDL）的氧化，防止心血管病的发生。谷胱甘肽具有活性巯基，可消除人类的氧自由基，是人类延缓衰老的有效物质。一般酵母能分泌谷胱甘肽 10 ~ 15 mg/L，某些新开发的抗老化啤酒酵母谷胱甘肽分泌量可高达 35 ~ 56 mg/L，这对人体的健康是非常有利的。

七、啤酒的鉴别

（一）色泽鉴别

良质啤酒：以淡色啤酒为例，酒液浅黄色或微带绿色，不呈暗色，有醒目光泽，清亮透明，无小颗粒、悬浮物和沉淀物。

次质啤酒：色淡黄或稍深些，透明，有光泽，有少许悬浮物或沉淀物。

劣质啤酒：色泽暗而无光或失光，有明显悬浮物或沉淀，有可见小颗粒，严重者酒体混浊。

（二）泡沫鉴别

良质啤酒：注入杯中立即有泡沫蹿起，起泡力强，泡沫厚实且盖满酒面，沫体洁白细腻，沫高占杯子的 1/2 ~ 2/3；同时见到细小如珠的气泡自杯底连串上升，经久不失。泡沫挂杯持久，在 4 min 以上。

次质啤酒：倒入杯中的泡沫升起较高较快，色较洁白，挂杯时间持续 2 min 以上。

劣质啤酒：倒入杯中，稍有泡沫且消散很快，有的根本不起泡沫或者泡沫粗黄，不挂杯，似一杯冷茶水状。

（三）香气鉴别

良质啤酒：有明显的酒花香气和麦芽清香，无生酒花味、无老化味、无酵母味，也无其他异味。

次质啤酒：有酒花香气但不明显，也没有明显的怪异气味。

劣质啤酒：无酒花香气，有怪异气味。

（四）啤酒口味的感官鉴别

良质啤酒：口味纯正，酒香明显，无任何异杂滋味。酒质清冽，酒体谐调柔和，杀口力强，苦味细腻、微弱、清爽而愉快，无后苦，有再饮欲。

次质啤酒：口味纯正，无明显的异味，但香味平淡、微弱，酒体尚属谐调，具有一定杀口力。

劣质啤酒：味不正，淡而无味，或有明显的异杂味、怪味，如酸味、馊味、铁腥味、苦涩味、老熟味等，也有的甜味过于浓重；更有堪者苦涩得难以入口。

八、著名的啤酒

（一）中国青岛啤酒

青岛啤酒是中国在世界上唯一的知名啤酒品牌。青岛啤酒远销美国、加拿大、英国、法国、德国、意大利、澳大利亚、韩国、日本、丹麦、俄罗斯等世界 100 多个国家和区域，为世界第五大啤酒厂商。青岛啤酒几乎囊括了 1949 年新中国成立以来所举办的啤酒质量评比的所有金奖，并在世界各地举办的国际评比大赛中多次荣获金奖。

（二）美国百威啤酒

诞生于 1876 年的美国百威啤酒，百年发展中以其纯正的口感，过硬的质量赢得了全世界消费者的青睐，成为世界最畅销、销量最多的啤酒，长久以来被誉为"啤酒之王"。百威啤酒已经成为中国知名度最高、销售量最大的洋品牌啤酒。

青岛啤酒

百威啤酒

（三）荷兰喜力啤酒

诞生于 1864 年荷兰阿姆斯特丹的喜力啤酒，凭借着出色的品牌战略和过硬的品质保证，成为全球顶级的啤酒品牌。喜力啤酒在全世界 170 多个国家热销，其优良品质一直得到业内和广大消费者的认可。喜力啤酒形象年轻化、国际化的特点，成为酒吧和各娱乐场所最受欢迎的饮品。

（四）丹麦嘉士伯啤酒

创立于 1847 年的丹麦嘉士伯啤酒，在 40 多个国家都有生产基地，远销世界 140 多个国家和地区，产品风行全球。嘉士伯十分重视产品的质量，打出的口号——"嘉士伯可能是世界上最好的啤酒"，深入人心。它通过各种人文活动，包括对音乐、球赛等活动的赞助，树立了良好的品牌形象。

（五）德国贝克啤酒

拥有四百年历史的贝克啤酒是德国啤酒的代表，也是全世界最受欢迎的德国啤酒。尤其是在美国、英国、意大利，贝克啤酒更是进口啤酒的冠军品牌。它不断的在全球各地的报纸、杂志、新闻媒介上宣传 BECK'S 和其特有的钥匙图形，使 BECK'S 商标和钥匙图形在世界各地都能见到。

（六）新加坡虎牌啤酒

虎牌啤酒，诞生于 1932 年，是新加坡亚太酿酒集团的旗舰品牌。已在全球 8 个国家生产，60 多个国家销售，足迹遍及欧洲、美国、拉丁美洲、澳洲和中东。它是新加坡最受欢迎的啤酒，被公认为亚洲最佳啤酒之一。在英国和美国等西方市场上，虎牌啤酒已被公认为来自远东的领导性优质佳酿。

（七）爱尔兰健力士黑啤

除了喜好啤酒的人知道它是世界数一数二的黑啤酒以外，大部分人还是通过吉尼斯世界纪录得知的这个名字。就是这个"健力士"啤酒的酿造商创造了"吉尼斯世界纪录"。"健力士"和"吉尼斯"翻译不同而已，都是"Guinness"。健力士黑啤是爱尔兰人最引以自豪的骄傲，现在健力士已经在 50 多个国家酿造生产，销往 150 多个国家，每年销量超过 9 亿 L。

喜力啤酒　　　嘉士伯啤酒　　　贝克啤酒　　　虎牌啤酒　　　健力士黑啤

（八）日本朝日啤酒

朝日啤酒株式会社成立于1889年，是日本最著名的啤酒制造厂商之一。朝日啤酒（Asahi）在日本市场占据了39%的份额，是日本唯一年销量突破一亿箱的产品，远超其他竞争对手。

（九）墨西哥科罗娜啤酒

科罗娜啤酒是墨西哥摩洛哥啤酒公司的拳头产品。墨西哥摩洛哥啤酒公司创建于1925年，在本国的市场占有率达60%以上，并且每一瓶科罗娜啤酒都是在墨西哥境内酿成的。饮用该酒时，添加柠檬片，味道会更好。

（十）美国蓝带啤酒

蓝带啤酒创始于1844年，曾多次获世界性博览会金牌奖。1844年，由一个叫柏斯特的德国酿酒师酿造而成。因为他们习惯在酒樽和酒桶上系一条蓝色的绸带，幽默的美国人干脆将它昵称为蓝带，蓝带啤酒由此得名。

朝日啤酒　　　　　　　科罗娜啤酒　　　　　　　蓝带啤酒

九、啤酒的饮用与保存

（一）啤酒的饮用

啤酒不宜细饮慢酌，否则酒在口中升温加重苦味。因此喝啤酒的方法有别于喝烈性酒，宜大口饮用，让酒液与口腔充分接触，以便品尝啤酒的独特味道。不要在喝剩的啤酒杯内倒入新开瓶的啤酒。剩啤酒会破坏新啤酒的味道，最好的办法是喝干之后再倒。

喝啤酒勿吃海鲜，以免引发痛风和结石等疾病。除此之外，运动后别喝啤酒。人在剧烈运动后，会使血液内的尿酸浓度升高。当尿酸值过高时，会在人体关节处沉积下来，引起关节炎和痛风。大汗淋漓时也勿喝啤酒，不但不解渴，反而会更渴。当酒精进入人体后，血管扩张，体表散热增加，会增加身体水分的蒸发，加重口渴。

喝啤酒时也勿与白酒混饮。啤酒是一种低酒精饮料，含有二氧化碳。如果和白酒一起喝，会加速酒精对全身的渗透，影响消化酶的产生，导致胃痉挛和急性胃肠炎。

开启瓶装啤酒时不要剧烈摇动瓶子，要用开瓶器轻启瓶盖，并用洁布擦拭瓶身及瓶口。倒啤酒时以桌斟方法进行，斟倒时，瓶口不要贴近杯沿，可顺杯壁注入，泡沫过多时，应分两次斟倒。酒液占 3/4 杯，泡沫占 1/4 杯。

啤酒是世界上最复杂的饮料，在广度和深度上，都秒杀其他酒种。所以在任何一个方面，啤酒都可以有极大的变化，在饮用温度上更是如此。如果你对啤酒风格不太熟悉，那就遵循一个基本原则，越简单越清爽酒体越薄的酒，饮用温度越低，越复杂越浓郁越厚重的酒，饮用温度应该越高。比如，工业啤酒，合适的饮用温度都很低，一般推荐在 1 ~ 3 ℃。

（二）啤酒的保存

保存啤酒的温度一般在 0 ~ 12 ℃为宜，熟啤酒温度在 4 ~ 20 ℃，一般保存期为两个月。保存啤酒的场所要保持阴暗、凉爽、清洁、卫生，温度不宜过高，并避免光线直射。要减少震动次数，以避免发生浑浊现象。

项目小结

本项目分为认识金酒、认识特基拉酒、认识伏特加酒等九个任务。通过六大基酒的讲解，让大家认识到六大基酒的起源、类型、生产工艺等，为大家在调酒过程中正确使用六大基酒打下基础。同时，通过对中国白酒、葡萄酒和啤酒的知识点介绍，让大家认识到了中国白酒的独特魅力、新旧葡萄酒世界的区别以及啤酒的不同风格。

⬢ 项目训练

知识拓展 1

○ 知识训练

一、简答题

1. 白兰地有哪些著名品牌？

2. 新旧世界葡萄酒的区别是什么？

3. 啤酒有哪些风格？

二、思考题

1. 如何避免购买到假洋酒？

2. 我国的白酒能否成为第七大基酒？

○ 能力训练

1.酒瓶设计训练，每位同学为六大基酒设计一款酒瓶，要求时尚、线条流畅，并用 PPT 的形式作出设计说明。

2.分组，每组选择我国一个省份，完成该省著名白酒的资料收集和介绍工作，并以 PPT 形式进行汇报。

项目二
你需要认识的调酒辅料

》 项目目标

职业知识目标：

1. 了解利口酒、开胃酒、甜食酒的起源和类型，掌握常见的利口酒、开胃酒和甜食酒。

2. 了解软饮料的含义、类型，熟悉常见的软饮料。

3. 熟悉调酒常用的配料。

职业能力目标：

1. 能熟练地提供利口酒、开胃酒、甜食酒的饮用服务。

2. 能熟练地制作果蔬汁饮料、可可饮料和茶饮料。

职业素质目标：

形成热爱劳动的观念和立足基层、吃苦耐劳的精神。

》 项目关键词

利口酒　开胃酒　甜食酒　软饮料　矿泉水　碳酸饮料　果蔬汁饮料　咖啡
可可　茶　配料

【项目导入】

调酒辅料是指除了调酒主料即六大基酒之外所要使用到的材料。调酒辅料的内容很复杂，状态和颜色各异。根据类别和重要性的不同，分为利口酒、开胃酒、甜食酒、果汁、碳酸饮料与配料等。辅料对鸡尾酒的作用是锦上添花，通过辅料的加入，让鸡尾酒在保持基酒风味的同时具备其他材料所赋予的色、香、味、形。

任务一　认识利口酒

一、利口酒的含义

利口酒（Liqueur）也称力娇酒。要被称作利口酒，必须满足三个基本条件：必须是以蒸馏酒为基酒；必须是调味加香的；必须是加糖分的。

Liqueur 是从拉丁语 Liquefacere 演变而来的，意思是融化或溶解。它很恰当地描述了利口酒的生产过程，物质在酒精里融化。美国人喜欢用 Cordial 来称呼利口酒，该单词 Cordial 同样来自拉丁语的 Cor，意思是"心"。因为早期的利口酒经常被修道院的僧侣或药师们用来治病，最起码也是温暖人的心脏，所以目前从市场上看，Liqueur 是指欧洲国家出产的利口酒，美国产品通常称为 Cordial，而法国产品则称为 Creme（克罗美）。

利口酒可能是最变化多样、最古老的酒了。在过去的几个世纪里，利口酒在民间被当作药用。这种甜酒经常用来治愈胃痛或晕眩。当然，也经常被用于消愁解乏。由于每家蒸馏商都有自己的秘方和技术，他们都在寻找新鲜的口味和基酒，这样就有可能随时创造出上千个新产品，因此利口甜酒的变化是无穷尽的。

二、利口酒的种类

（一）水果类

以水果的果实或果皮为原料。典型代表：柑橘利口酒、樱桃利口酒、桃子利口酒、椰子利口酒、黑醋栗利口酒、香蕉利口酒。

（二）种子类

以果实种子制成。典型代表：茴香利口酒、杏仁利口酒、可可利口酒、咖啡利口酒、榛子利口酒。

（三）香草类

以花、草为原料。典型代表：修道院酒、修士酒、杜林标酒、桑布卡、薄荷利口酒、紫罗兰利口酒。

（四）乳脂类

以各种香料及乳脂调配制成。典型代表：百利甜奶酒、爱尔兰雾酒、鸡蛋利口酒。

利口酒认知

三、常用的利口酒

（一）柑香酒

产地：荷兰的库拉索岛。

用料：柑橙的果皮、朗姆酒、波特葡萄酒、砂糖。

（二）君度

产地：法国。

用料：一种特有的橙，青色如橘，果肉苦酸。注：君度加冰净饮最佳。用古典杯加三到四块冰，入一至二分的君度，至酒色渐透微黄，饰柠檬皮。

（三）金万利

产地：法国著名的葡萄酒产地克涅克。

用料：水、橙皮、白兰地。

（四）泵酒（也称当酒、修士酒）

产地：法西北部地区诺曼底。

用料：以葡萄蒸馏酒为基酒，加入 27 种草药作调香物，兑以蜂蜜。

（五）杜林标

产地：英国。

用料：草药、威士忌酒及蜂蜜，属烈性甜酒。常用于餐后酒或兑水冲饮。其配方于 1745 年由 Charles Edlward's 的一位随从带至苏格兰。酒标印有 Prince Charles Edlward's Liqueur。

（六）加利安奴

产地：意大利。

用料：以食用酒精作基酒，加入 30 多种香草酿制的金色甜酒，味醇美，香浓。

柑香酒　　　君度　　　　金万利　　　　泵酒　　　　杜林标　　　加利安奴

（七）卡鲁瓦咖啡酒

产地：墨西哥。

用料：利用墨西哥的咖啡豆为原料，以朗姆酒为基酒，并添加适量的可可及香草精制而成，酒精度为 26.5 度，口味甜美。

（八）波士樱桃白兰地

产地：荷兰。

用料：以南斯拉夫海岸地区 Dalmatia 当地盛产的 Marasca 樱桃树果实（成熟时期色泽呈暗红色）樱桃榨汁为主原料。

（九）波士蓝橙酒

产地：荷兰。

用料：混合多种药草、甜橘以及最特别的原料——Curacao 小岛上特产香气浓郁但具苦味的苦橘经蒸馏程序而产生。

（十）葫芦樽薄荷酒

产地：法国。

用料：以 7 种不同的薄荷为主要调料制作而成，口味清爽、强劲、甘醇爽口。

（十一）马利宝椰子酒

产地：美国加州马利宝海滩。

用料：水、椰子汁、甘蔗汁、朗姆酒。

（十二）森伯加

产地：意大利。

用料：茴香和甘草、食用天然香料、食用酒精。

| 卡鲁瓦咖啡酒 | 波士樱桃白兰地 | 波士蓝橙酒 | 葫芦樽薄荷酒 | 马利宝椰子酒 | 森伯加 |

（十三）波士鸡蛋酒

产地：荷兰。

用料：鸡蛋黄、食用酒精、白砂糖、天然食用香料、柠檬酸。

（十四）波士白可可

产地：荷兰。

用料：可可豆、水、食糖、天然香料。

（十五）爱蜜丝

产地：爱尔兰。

用料：香草、蜜糖、威士忌。

（十六）必得利黑加仑

产地：荷兰。

用料：黑加仑、水、白砂糖、柠檬酸、食用酒精。

波士鸡蛋酒	波士白可可	爱蜜丝	必得利黑加仑

四、利口酒的饮用与服务

（一）净饮

净饮利口酒时，把利口酒杯斟满即可。

（二）加冰

利口酒加冰饮用时，可加入半杯冰块，将 28 mL 的利口酒倒入古典杯或葡萄酒杯中，用吧匙搅拌。

（三）兑饮

很多利口酒含糖量比较多，且比较黏稠，不适合净饮，需要兑和其他饮料后饮用。可以在杯中加冰后，用 1 oz 的利口酒加 4 ~ 5 倍的苏打水或果汁饮料。如绿薄荷加雪碧汽水，绿薄荷加菠萝汁等。

（四）杯具

净饮可用利口杯，加冰可用古典杯或葡萄酒杯，兑饮可用果汁杯或高脚杯。

（五）标准分量

利口酒的饮用标准用量为每份 28 mL（1 oz）。

任务二　认识开胃酒

一、开胃酒的含义

开胃酒认知

开胃酒的名称来源于在餐前饮用能增加食欲之意。能开胃的酒有许许多多，威士忌、俄得克、金酒、香槟酒，某些葡萄原汁酒和果酒等，都是比较好的开胃酒精饮料。开胃酒的概念一度是比较含糊的。随着饮酒习惯的演变，开胃酒逐渐被专指为以葡萄酒和某些蒸馏酒为主要原料的配制酒，如味美思（Vermouth）、比特酒（Bitter）、茴香酒（Anise）等。这就是开胃酒的两种定义：前者泛指在餐前饮用能增加食欲的所有酒精饮料，后者专指以葡萄酒为基酒或以蒸馏酒为基酒的有开胃功能的酒精饮料。

开胃酒有许多共性：第一，它们有相同的起源，在黑暗时代都是用作药。这使得开胃酒与利口酒很近似。第二，开胃酒在生产中具有许多共同点。第三，开胃酒的最大相似点就是每种酒都各有特点，各不相同。

二、开胃酒的类型

开胃酒主要分为四种类型：苦艾酒、味美思、比特酒、茴香酒。

（一）苦艾酒

苦艾酒（Absinthe）源于瑞士，是 200 多年前一名瑞士医生发明的一种加香加味型烈酒，最早是在医疗上使用，能有效改善病人的脑部活动。

苦艾酒是一种有茴芹茴香味的高酒精度蒸馏酒，主要原料是茴芹、茴香及苦艾药草（即洋艾）这三样经常被称作"圣三一"。酒液呈绿色，当加入冰水时变为浑浊的乳白色，这就是苦艾酒有名的悬乳效应。此酒芳香浓郁，口感清淡而略带苦味，并含有 50 度以上高酒精度。苦艾在我国南方地区有些称之为"艾苦酒"。但在台湾，人们根据音译叫作"艾碧斯"。

苦艾酒的酒精含量至少为 45%，有的可高达 72%，颜色可从清澈透明到传统上的深绿色，区别在于茴香提取物含量的多少，因为苦艾酒的深绿色主要是茴香的提取液带来的。传统上，饮用时常加 3 ~ 5 倍的溶有方糖的冰水稀释，所以口感先甜后苦，伴着悠悠的药草气味。另一种较粗犷的被称为波希米亚饮法的方式是将方糖燃烧后混入苦艾酒，再加水饮用。稀释后的酒呈现混浊状态是优质苦艾酒的标志，成因主要是酒内含植物提炼的油精的浓度大，水油混合后会造成混浊的效果。有趣的是，不少杰出的艺术家和文学家，如海明威、毕加索、梵高、德加及王尔德等都是苦艾酒的爱好者。

1. 希氏苦艾酒

希氏苦艾酒（Hill's）是一款捷克出产的波希米亚风苦艾酒。希氏苦艾酒是由阿尔宾·希尔于 1920 年创立，至今已有超过 100 年历史。目前，希氏苦艾酒是捷克最大苦艾酒品牌，也是世界最大最知名苦艾酒品牌之一。苦艾酒饮用方法中最知名方式波希米亚仪式，就是由希氏于 20 世纪 90 年代发明，并得到了广泛的流行，同时对苦艾酒的再次复兴起到了重要的推动作用。

2. 仙子苦艾酒

仙子苦艾酒（La Fée）是由 Green Utopia 创立的，茴香味很浓，含有艾草成分，有五个风格的产品：巴黎风苦艾酒（Parisienne，一种茴香风味苦艾酒）；波希米亚风苦艾酒（Bohemian，淡茴香味苦艾酒）；瑞士人 X. S 苦艾酒和法国人 X. S 苦艾酒；NV 绿苦艾酒［NV Absinthe Verte，低度数（38 度）苦艾酒］。

3. 清醒苦艾酒

清醒苦艾酒（Lucid）是一款传统的法国制造的绿苦艾酒，其配方于 2006 年首次被批准，也是自 1912 年以来第一个真正获得标签批准证书进入美国市场的苦艾酒。配方包括大艾草（苦艾）、绿茴芹，甜茴香以及其他草药。其侧柏酮浓度低于 10 ppm（相当于 10 mg/kg）以符合美国标准。品牌重新提出了"高级苦艾酒"的口号，以将自己与苦艾酒长期以来的负面形象区分开来。

4. 库伯勒苦艾酒

弗里茨·库伯勒 1863 年创立了库伯勒苦艾酒（Kübler），在瑞士于 2005 年 3 月解除苦艾酒禁令后，库伯勒是在瑞士合法出售的第一个苦艾酒品牌。

5. 秘牌苦艾酒

秘牌苦艾酒（La Clandestine）是一款由瑞士公司 Artemisia-Bugnon 生产的茴香味浓郁的蓝色苦艾酒。此外，它们还生产高度数的"变幻"系列苦艾酒，由"秘"系列进一步蒸馏的绿苦艾酒"天使"系列（Angélique），以及专门针对法国市场的玛丽安系列（La Recette Marianne）。

| 希氏苦艾酒 | 仙子苦艾酒 | 清醒苦艾酒 | 库伯勒苦艾酒 | 秘牌苦艾酒 |

（二）味美思

味美思是以葡萄酒为基酒，加入植物、药材等物质浸制而成。酒精度约为 18 度。最好的产品来自法国和意大利。目前几乎所有酒吧用的味美思都是这两个国家出产的。

味美思分特干、干、甜几种，主要是由酒中含糖分的多少来区分。通常干是指含糖分极少或不含糖分。甜是指含糖较多。一般来说，甜型味美思含葡萄酒原酒 75%，干型味美思涩而不甜，含葡萄酒原酒至少 80%。

从颜色上分又有白和红两种。通常干型味美思的颜色是无色透明或浅黄色；甜型味美思是红色的或玫瑰红的。

1. 仙山露

仙山露（Cinzano）原产于意大利，创立于 1754 年，最著名味美思之一，有干型、白色、红色三种。

2. 马天尼

诞生于 19 世纪末的马天尼（Martini）是欧洲著名酒类品牌，来自意大利皮埃蒙地区的酒庄。他们只选用纯净的，来自大自然的原料：葡萄酒和草本植物。为使马天尼的口感始终保持最高的品质，时间的积累、调配师的不断奉献和与时俱进的工艺，缺一不可。产品类型：马天尼红威末酒（Martini Rosso）、马天尼干威末酒（Martini Extra Dry）、马天尼白威末酒（Martini Bianco）。

3. 诺瓦丽·普拉

诺瓦丽·普拉（Noilly Prat）也称奈利·帕莱托味美思酒，由法国 NOILLY 公司生产，其种类包括干、白、红三种类型的味美思。一般调配辣味马丁尼时，有时使用诺瓦丽·普拉作为基酒。

| 仙山露 | 马天尼 | 诺瓦丽·普拉 |

（三）比特酒

比特酒也称必打士。苦味酒是以葡萄酒和食用酒精为基酒，加入金鸡纳霜、龙胆等花草以及植物的茎、根、皮等药草调配而成，有强身健体，助消化功能。酒精度为 18 ~ 45 度。味道苦涩。常用的品牌有：

1. 金巴利

金巴利（CamPari）原产于意大利，酒液红色。酒精度为 26 度，最受意大利人欢迎，配方超过千年。

2. 佛耐·布兰卡

佛耐·布兰卡（Fernet Branca）原产于意大利，号称"苦酒之王"，酒精度为 40 度，有醒酒、健脾胃的功效。

3. 杜本内

杜本内（Dubonnet）原产于法国巴黎，酒精度为 16 度，通常呈暗红色，药香明显，苦中带甜，具有独特的风格。有红白两种，以红色最为著名。美国也生产杜本内。

4. 安格斯杜拉

安格斯杜拉（Angostura）原产于西印度群岛的特立尼达和多巴哥共和国，以朗姆酒为基酒，酒精度为 44 度。调酒中常用，但刺激性很强，有微量毒素，喝多会有害人体健康。

5. 安德卜格

安德卜格（Underberg）原产于德国，酒精度为 44 度，呈殷红色，具有解酒健胃的作用，这是一种用 40 多种药材、香料浸制而成的烈酒，在德国每天可售出 100 万瓶。通常采用 20 mL 的小瓶包装。

| 金巴利 | 佛耐·布兰卡 | 杜本内 | 安格斯杜拉 | 安德卜格 |

（四）茴香酒

茴香酒是用蒸馏酒与茴香油配制而成的，口味香浓刺激，分染色和无色两种，一般有明亮的光泽，酒精度为 25 ~ 51 度，以法国产的比较有名。

1. 潘诺酒

诞生于 1805 年的潘诺酒（Pernod）是历史最悠久、最国际化的法国茴香酒品牌，浅青色，半透明，酒精度为 40 度，在饮用时加冰加水后会变成奶白色。

2. 力加酒

力加酒（Ricard）是全球销量第一的茴香酒，在欧洲长期受到消费者喜爱。酒精度为 45 度，力加酒是法国烈性酒市场的老大，市场占有率高达 14%，它一直沿用保罗·力加独创的神秘配方，使用全天然原料酿制而成。

3. 帕斯提斯 51

帕斯提斯 51（Pastis 51）原产于法国，酒精度为 45 度，用甘草和焦糖串香的茴香浸酒。

潘诺酒

里卡德力加

帕斯提斯 51

三、开胃酒的饮用与服务

开胃酒的饮用方法有以下几种：

（一）净饮

使用调酒杯、鸡尾酒杯、量杯、酒吧匙和滤冰器，做法：先把 3 粒冰块放进调酒杯中，量 1.5 oz 开胃酒倒入调酒杯中，再用酒吧匙搅拌 30 s，用滤冰器过滤冰块，把酒滤入鸡尾酒杯中，加入一片柠檬。

（二）加冰饮用

使用工具：平底杯、量杯、酒吧匙。做法先在平底杯加进半杯冰块，量 1.5 oz 开胃酒倒入平底杯中，再用酒吧匙搅拌 10 s，加入一片柠檬。

（三）混合饮用

开胃酒可以与汽水、果汁等混合饮用，作为餐前饮料。

任务三　认识甜食酒

甜食酒认知

一、甜食酒的含义

甜食酒（Dessert Wine）也称餐后甜酒（Liqueur），是佐助西餐的最后一道食物，餐后甜点时饮用的酒品。通常以葡萄酒作为基酒，加入食用酒精或白兰地以增加酒精含量，故又称强化葡萄酒或加强型葡萄酒。所谓加强型葡萄酒（Fortified Wine）就是在葡萄酒酿造过程中，酒精发酵完成后或者酒精发酵未完成时，添加酒精。添加酒精的过程，提高了成品酒中的酒精含量，酒也就变得更"有劲儿"了，酒的力道也被"加强"了，因而称之为加强型葡萄酒或强化葡萄酒。常见的甜食酒有波特酒、雪莉酒、玛德拉等。

甜食酒与利口酒的区别是，甜食酒大多以葡萄酒为主酒，利口酒则是以蒸馏酒为主酒。著名的甜食酒大多产于欧洲南部。

甜食酒和其他普通葡萄酒的区别就在于酒精含量和酒的风格不同，17%～21%的高酒精含量足以使甜食酒的稳定性好于普通葡萄酒。集葡萄酒的妩媚、优雅与烈性酒的阳刚、粗旷为一体，具有别样风情，主要产于意大利、西班牙、葡萄牙等国。

二、甜食酒的类型

（一）雪利酒

雪利（Sherry）是世界上最著名的加强型葡萄酒之一，是西班牙的国宝。令人向往的顶级雪利酒，只产于西班牙的赫雷斯市（Jerez）。关于西班牙赫雷斯小镇生产雪利酒的记录最早可以追溯到公元前1100年。后来哥伦布在西班牙国王支持下所进行的多次航海活动中把雪利酒带到了世界各地。到1587年，雪利酒开始在其他国家受到欢迎。由于很多雪利酒被出口到英国，很多英国公司和家庭甚至在赫雷斯设立和购买酒窖。雪利酒的名称（Sherry）来源于赫雷斯市的阿拉伯语名称雪利斯（Scheris）。虽然阿拉伯人在13世纪遭到驱逐，但这一名称却保留了下来。在莎士比亚时期，雪利白葡萄酒（Sherry-Sack）被认为是当时世界上最好的葡萄酒。

1. 雪利酒的分类

（1）干型雪利酒

干型雪利酒也称芬奴（Fino）。清淡闻名，有新鲜的苹果味，酒精度为16～18度，可以分为三种：

①曼占尼拉（Manzanilla）：色泽金黄，有丝丝咸味，具有杏仁的苦味。

②阿莫提拉多（Amontillado）：琥珀色，有坚强的果味，略带辣味，是难得的陈年酒。

③巴尔玛（Palma）：干型雪利酒出口的名称，分四个档次。

（2）甜型雪利酒

甜型雪利酒为金黄色，带有核桃香味，口感浓烈，酒精度为18～20度，可细分为三种：

①阿莫露索（Amoroso）：深红色，口感凶烈。

②帕罗卡特多雪莉酒（Palo Cortado）：是稀有的珍品雪利酒，金黄色。

③乳酒（Cream Sherry）：浓甜型雪利酒，宝石红色。

2. 雪利酒名品

（1）山迪文

山迪文（Sandeman）是苏格兰人1790年在伦敦创立的葡萄酒庄，1810年山迪文的事业扩展到葡萄牙、西班牙和爱尔兰，"山迪文"的注册商标是头戴西班牙帽，身穿葡国学士袍，手持红酒杯的男士形象。

（2）克罗夫特

克罗夫特（Croft）酒庄位于葡萄牙的杜罗河产区（Douro），是该产区波特酒的领导者之一，酒庄晚装瓶波特（Late Bottle Vintage，LBV）酒被用作阿联酋航空头等舱用酒。克罗夫特酒庄创建于1588年，最开始名称为"Phayre & Bradley"，是以当时酒庄合伙人的名字命名。随着约翰·克罗夫特的加入，酒庄于是改成如今的名称"Croft"。克罗夫特以出产年份波特酒而闻名。

（3）哈维丝

哈维丝（Harveys）是一种回味略显刺激的葡萄加强酒，其口味中有烤坚果或葡萄干的感觉。哈维丝通常作为开胃酒冰镇饮用，或者餐后直接、加冰，与青柠或橙子一起饮用。其中，冰块可以降低酒的黏稠度，橙子可以降低它的甜度，使其入口后更加愉悦。

山迪文 　　　　　　克罗夫特 　　　　　　哈维丝

（二）波尔图酒

波尔图酒（Porto）也称波特酒，是著名的加强型葡萄酒。原产于葡萄牙，现在美国和澳大利亚也生产这种酒，品质最好的波特酒来自葡萄牙的波尔图市。

1.波尔图酒的种类

酿造年份、陈酿期限、勾兑过程会形成不同风格的酒。

（1）宝石红波尔图酒

宝石红波尔图酒（Ruby Porto）是波尔图酒中的大路货，陈酿时间短，5～8年。由数种原酒混合勾兑而成。酒色如红宝石，味甘甜，后劲大，果香浓郁。

（2）白波尔图酒

白波尔图酒（White Porto）由白葡萄酿制，酒色越浅，口感越干的酒，品质越好。该酒是波尔图系列中最好的开胃酒。

（3）茶色波尔图酒

茶色波尔图酒（Tawny Porto）属于优秀产品，经过陈酿，酒色呈茶色，在酒标上会注明用于混合的各种酒的平均酒龄。

（4）年份波尔图酒

年份波尔图酒（Vintage Porto）是最好最受欢迎的波尔图酒，陈酿先在桶中进行，2～3年后装瓶继续陈酿，10年后老熟，色泽深红，酒质细腻，口味甘醇，果香/酒香谐调。注意年份波尔图酒只能产生较为优秀的年份。而晚装瓶年份波尔图酒可以产于任意年份。

2.波尔图酒的名品

（1）泰乐

泰乐（Taylor's）创建于1692年，300多年来始终保持独立的家族式管理，拥有葡萄牙杜罗河谷优秀的葡萄园。其他酒商可能偶尔表现较为突出，而泰乐无论是好年份还是差年份，始终名列前茅。这样持续不变的出色表现源于其醇厚浓郁的酒体与纯粹精良的品质。

（2）芳塞卡

芳塞卡（Fonseca）创建于1822年，酒质醇香，强劲，风格独特而充满异国风情。"芳塞卡是最卓越的钵酒生产商之一，出品醇郁、层次丰富的钵酒……其酒质醇香迷人。"

（3）格兰姆红宝石波特

格兰姆红宝石波特（Graham Ruby Port Fine）出自格兰姆酒庄，由罗丽红、国产多瑞加、多瑞加弗兰卡、红巴罗卡四种葡萄混酿而成。酒体饱满，有甜美的黑樱桃味以及均衡极佳的、浓烈余味。酒的颜色为红宝石色，带有黑色莓果香气。

泰乐　　　　　　　芳塞卡　　　　　格兰姆红宝石波特

（三）其他的甜食酒

1. 玛德拉酒

玛德拉酒（Madeira）原产于葡萄牙，是以地名命名的酒。寿命长，可达 200 年。玛德拉岛地处大西洋，长期以来为西班牙所占领。玛德拉酒产于此岛上，是用当地生产的葡萄酒和葡萄烧酒为基本原料勾兑而成，十分受人喜爱。

2. 玛拉佳酒

玛拉佳酒（Malaga）原产于西班牙南部的玛拉佳省，以产地命名，是一种极甜的葡萄酒。玛拉佳和附近山区拥有欧洲最古老的酿酒历史之一，其葡萄酒指定原产地（La Denominación de Origen Málaga）建立于 1932 年，主要产品是加强葡萄酒。具有显著的强补作用，较为适合病人和疗养者饮用。

3. 玛萨拉酒

玛萨拉酒（Marsala）原产于意大利，西西里岛西部，是以西西里西部的玛萨拉镇而命名的。Marsala 这个名字据说是来自阿拉伯语中的 Marsah-el-Allah，意思是"上帝的港湾"。玛萨拉酒是一种添加了些许蒸馏酒的加烈葡萄酒（Fortify Wine），酒精度为 17 ~ 19 度，酒色呈琥珀色，口感厚实醇美，是做提拉米苏的必备原料。

玛德拉酒　　　　　　玛拉佳酒　　　　　　玛萨拉酒

三、甜食酒的饮用与服务

甜食酒适合净饮，选用红、白葡萄酒杯服务，每份标准用量为 50 mL。普通甜食酒开瓶后应一次性饮完，以免氧化而影响风味，较好的甜食酒开瓶后最长放 2 天，且最好把剩下的酒放在冰箱冷藏室里保存。

任务四　认识软饮料与配料

一、软饮料的含义

软饮料是指酒精含量低于 0.5%（质量比）的天然的或人工配制的饮料又称清凉饮料、无醇饮料。软饮料的主要原料是饮用水或矿泉水，果汁、蔬菜汁或植物的根、茎、叶、花和果实的抽提液。软饮料的品种很多。按原料和加工工艺分为碳酸饮料、果汁及其饮料、蔬菜汁及其饮料、植物蛋白质饮料、植物抽提液饮料、乳酸饮料、矿泉水和固体饮料八类；按性质和饮用对象分为特种用途饮料、保健饮料、餐桌饮料和大众饮料四类。世界各国通常采用第一种分类方法。但在美国、英国等国家，软饮料不包括果汁和蔬菜汁。

二、软饮料分类

（一）碳酸饮料

在一定条件下冲入二氧化碳的软饮料，不包括由发酵法自身产生二氧化碳的饮料，其成品中（20 ℃时容积）二氧化碳容量不低于 2.0 倍。分果汁型、果味型、可乐型、低热量型及其他型。

（二）果汁（浆）及果汁饮料

包括果汁（浆）、果汁饮料两类。果汁（浆）是用成熟适度的新鲜或冷藏水果为原料，经加工所得的果汁（浆）或混合果汁类制品。果汁饮料是指在果汁（浆）制品中，加入糖液、酸味剂等配料所得的果汁饮料制品，可直接饮用或稀释后饮用。果汁含量至少在 10% 以上。口感上偏甜，营养价值不高。

（三）蔬菜汁饮料

由一种或多种新鲜或冷藏蔬菜（包括可食的根、茎、叶、花、果实、食用菌、食用藻类及蕨类）经榨汁、打浆或浸提等制得的制品。包括蔬菜汁、混合蔬菜汁、混合果蔬汁、发酵蔬菜汁和其他蔬菜汁饮料。

（四）含乳饮料

以鲜乳和乳制品为原料未经发酵或经发酵后，加入水或其他辅料调制而成的液状制品。包括乳饮料、乳酸菌类乳饮料、乳酸饮料及乳酸菌类饮料。

（五）植物蛋白饮料

用蛋白质含量较高的植物的果实、种子，核果类和坚果类的果仁等与水按一定比例磨碎、去渣后，加入配料制得的乳浊状液体制品。蛋白质含量不低于 0.5%。分豆乳饮料、椰子乳（汁）饮料、杏仁乳（露）饮料和其他植物蛋白饮料。

（六）瓶装饮用水饮料

密封在塑料瓶、玻璃瓶或其他容器中可直接饮用的水。其原料水除允许使用臭氧外，不允许有外来添加物。包括饮用天然矿泉水和饮用纯净水。

（七）茶饮料

茶叶经抽提、过滤、澄清等加工工序后制得的抽提液，直接灌装或加入糖、酸味剂、食用香精（或不加）、果汁（或不加）、植（谷）物抽提液（或不加）等配料调制而成的制品。包括茶饮料、果汁茶饮料、果味茶饮料和其他茶饮料。

（八）固体饮料

用糖（或不加）、果汁（或不加）、植物抽提液或其他配料为原料，加工制成粉末状、颗粒状或块状的经冲溶后饮用的制品，其成品水分＜5%。分果香型固体饮料、蛋白型固体饮料和其他型固体饮料。

（九）特殊用途饮料

为人体特殊需要而加入某些食品强化剂或为特殊人群需要而调制的饮料。包括运动饮料、营养素饮料和其他特殊用途饮料。

三、主要软饮料

（一）认识含乳饮料及饮用服务

1. 含乳饮料的定义

含乳饮料是以鲜乳或乳粉、植物蛋白乳（粉）、果菜汁或糖类为原料，添加或不添加食品添加剂与辅料，经杀菌、冷却、接种乳酸菌发酵剂、培养发酵、稀释而制成的活性或非活性饮料。

含乳饮料以风味独特等特点在软饮料行业中独树一帜。含乳饮料的配料中除了牛奶以外，一般还有水、甜味剂、果味剂等。例如"中国果乳专家"——小洋人生物乳业首创的"妙恋"时尚休闲饮料，就是我国首次将果汁与牛奶有机结合，借助于牛奶中的蛋白营养成分、果汁的芳香、色泽及其他矿物质营养，起到营养互补、风味及口感相互谐调等作用。

2. 含乳饮料的发展概况

含乳饮料行业作为中国饮料行业的重要组成部分，随着健康概念不断强化及牛奶市场的火爆，自20世纪90年代末开始快速发展。在中国国民经济行业分类体系中，含乳饮料行业属于饮料制造（C152）中类下含乳饮料和植物蛋白饮料制造（C1524）小类。受饮料行业整体增速下滑的影响，含乳饮料行业产能增速放缓，但因为消费者对饮料健康、营养的要求，含乳饮料行业产能增速优于饮料其他细分品类行业，产能总量呈现稳步增长的态势。

3. 含乳饮料的分类

（1）配置型含乳饮料

以乳或乳制品为原料，加入水，以及白砂糖和（或）甜味剂、酸味剂、果汁、茶、咖啡、植物提取液等其中的一种或几种调制而成的饮料。

（2）发酵型含乳饮料

以乳或乳制品为原料，在经乳酸菌等有益菌培养发酵制得的乳液中加入水，以及白砂糖和（或）甜味剂、酸味剂、果汁、茶、咖啡、植物提取液等其中的一种或几种调制而成的饮料，如乳酸菌乳饮料。

（3）乳酸菌饮料

以乳或乳制品为原料，经乳酸菌发酵制得的乳液中加入水，以及白砂糖和（或）甜味剂、酸味剂、果汁、茶、咖啡、植物提取液等其中的一种或几种调制而成的饮料。根据其是否经过杀菌处理而区分为杀菌（非活菌）型和未杀菌（活菌）型。

4. 含乳饮料的制作材料

（1）原料

通常使用乳制品，如鲜乳、炼乳、加糖炼乳、全脂或脱脂乳粉等。

（2）甜味剂

通常使用白砂糖，也可使用葡萄糖、果糖以及果葡糖浆等。

（3）其他原料

香精、焦糖色素、碳酸氢钠、磷酸氢二钠、食盐、植物油、蔗糖酯、食品用硅酮树脂制剂及海藻酸钠，稳定剂等。

5. 含乳饮料的饮用服务

（1）不宜空腹喝含活性乳酸菌的含乳饮料

空腹时胃酸的 PH 值较低，不适宜乳酸菌的存活，直接饮用含活性乳酸菌的饮料易将其杀死，保健作用减弱。

（2）不宜加热喝乳酸菌饮料

乳酸菌饮料中的活性乳酸菌经过加热煮沸后，有益菌被杀死，营养价值大大降低。

（二）认识矿泉水及饮用服务

1. 矿泉水的含义

矿泉水是从地下深处自然涌出的或经人工开发的，未受污染的地下泉水，含有一定量的矿物盐、微量元素或二氧化碳气体，在通常情况下，其化学成分、流量、水温等动态在天然波动范围内相对稳定。

根据身体状况及地区饮用水的差异，选择合适的矿泉水饮用，可以起到补充矿物质，特别是微量元素的作用。盛夏季节饮用矿泉水补充因出汗流失的矿物质，是有效的手段。

2. 矿泉水的分类

（1）按矿泉水特征

①偏硅酸矿泉水；②锶矿泉水；③锌矿泉水；④锂矿泉水；⑤硒矿泉水；⑥溴矿泉水；⑦碘矿泉水；⑧碳酸矿泉水；⑨盐类矿泉水。

（2）按矿化度分类

矿化度是单位体积中所含离子、分子及化合物的总量。

矿化度	< 500 mg/L	500 ~ 1 500 mg/L	> 1 500 mg/L	< 1 000 mg/L	> 1 000 mg/L
类 型	低矿化度	中矿化度	高矿化度	淡矿泉水	盐类矿泉水

（3）按矿泉水酸碱性

酸碱度称 pH 值，是水中氢离子浓度的负对数值，即 pH=-1 g［H+］，是酸碱性的一种代表值。根据《水文地质术语》（GB/T 14157—1993）的定义，可分为以下三类：

pH 值	< 6.5	6.5 ~ 8.0	> 8.0 ~ 10
类 型	酸性水	中性水	碱性水

3. 矿泉水质量鉴别

（1）外包装鉴别

优质的矿泉水多用无毒塑料瓶包装，造型美观，做工精细；瓶盖用扭断式塑料防伪盖，有的还有防伪内塞；表面采用全贴商标，彩色精印，商品名称、厂址、生产日期齐全，写明矿泉水中各种微量元素及含量，有的还标明检验、认证单位名称。

（2）色泽与水体鉴别

优质矿泉水洁净，无色透明，无悬浮物和沉淀物，水体不黏稠。

（3）气味与滋味鉴别

优质矿泉水纯净、清爽无异味，有的带有本品的特殊滋味，如轻微咸味等。

4. 著名的矿泉水

全世界有很多著名的矿泉水，如威尔士无气天然矿泉水、Sole 矿泉水、希顿矿泉水、皇家圣蓝矿泉水、斐济牌矿泉水、拓地矿泉水、依云天然矿泉水。

5. 矿泉水的饮用服务

（1）矿泉水不宜煮沸饮用

饮用矿泉水时应以不加热、冷饮或稍加温为宜，不能煮沸饮用。因矿泉水一般含钙、镁较多，有一定硬度，常温下钙、镁呈离子状态，极易被人体所吸收，起到很好的补钙作用。如若煮沸，钙、镁易与碳酸根生成水垢析出，这样既丢失了钙、镁，还造成了感官上的不适，所以矿泉水最佳饮用方法是在常温下饮用。

（2）矿泉水只能冷藏不宜冷冻

"宜冷藏，不宜冷冻"。由于矿泉水在冰冻过程中会出现钙、镁过度饱和的问题，并加快碳酸盐的分解，从而产生白色的沉淀，尤其是对于钙、镁含量高，矿化度大于400 mg/L 的矿泉水，冷冻后更会出现白色片状或微粒状沉淀。

（3）婴儿不适合饮用矿泉水

婴儿的生理结构与成年人具有较大差异，消化系统发育尚不完全，过滤功能差，有些矿泉水中矿物质含量过高，对婴儿来说是一个很大的难题。当宝宝用矿泉水冲泡食物或者直接饮用时，容易增加肾脏负担，所以婴儿不适合饮用矿泉水。

（4）勿将矿物质水当矿泉水饮用

矿物质水是在纯净水的基础上，加入人工合成矿化液而成，成品水有的具有一些少量沉淀物、颜色，浊度一般大于天然矿泉水，也有人称它为仿矿泉水。天然矿泉水的矿物质、微量元素等成分的含量稳定，一般以离子状态存在，容易被人体所吸收，而人工合成的矿物质水中的微量元素含量却不稳定，受人为因素的影响较大。

（三）认识碳酸饮料及饮用服务

1. 碳酸饮料的含义

碳酸饮料又叫汽水是指在一定条件下充入二氧化碳气体的饮料。碳酸饮料，主要成分包括：碳酸水、柠檬酸等酸性物质、白糖、香料，有些含有咖啡因，人工色素等。碳酸饮料作为一种传统软饮料品种，具有清凉解暑、补充水分的功能。但多喝对身体有害无益。

2. 碳酸饮料的起源

碳酸饮料的历史由来已久，大约在 1767 年，约瑟夫·普莱斯特利在英国发明了人工碳酸，这为碳酸用于饮料生产提供了基础。雅各布·史威士于 1783 年在瑞士开发了第一款矿泉水碳酸饮料并应用于商业。

1807 年本杰明·西利开始在美国销售瓶装德国赛尔脱兹天然气泡苏打水，这种苏打水生产于德国西南部，虽然水中的碳酸由自然生成，但是它们仍像普通苏打水一样出售。

到了 19 世纪，碳酸冷饮开始在杂货店中流行，它们通常是橘子和葡萄口味。

3. 碳酸饮料的类型

（1）果汁型碳酸饮料

指原果汁含量不低于 2.5% 的碳酸饮料。

（2）果味型碳酸饮料

指以果香型食用香精为主要赋香剂，原果汁含量低于 2.5% 的碳酸饮料。

（3）可乐型碳酸饮料

指含有焦糖色、可乐香精或类似可乐果和水果香型的辛香、果香混合香型的碳酸饮料。

（4）低热量型的碳酸饮料

指以甜味剂全部或部分代替糖类的各型碳酸饮料和苏打水，热量低于 75 kJ/100 mL。

（5）其他型碳酸饮料

指含有植物抽提物或非果香型的食用香精为赋香剂以及补充人体运动后失去的电解质、能量等的碳酸饮料，如运动汽水等。

4. 碳酸饮料的优缺点

（1）碳酸饮料的优点

足量的二氧化碳能起到杀菌、抑菌的作用，还能通过蒸发带走体内热量，起到降温作用，让人喝起来非常爽口。

（2）碳酸饮料的缺点

在一定程度上影响人们的健康，主要的表现如下：①磷酸导致骨质疏松。碳酸饮料的成分大部分都含有磷酸，这种磷酸却会潜移默化地影响骨骼，常喝碳酸饮料骨骼健康就会受到威胁。因为人体对各种元素都是有要求的，大量磷酸的摄入就会影响钙的吸收，引起钙、磷比例失调。②影响人体免疫力。目前饮料中添加碳酸、乳酸、柠檬酸等酸性物质较多，使血液长期处于酸性状态，不利于血液循环，人容易疲劳，免疫力下降，各种致病的微生物乘虚而入，人容易感染各种疾病。③影响消化功能。大量的二氧化碳在抑制饮料中细菌的同时，对人体内的有益菌也会产生抑制作用，所以消化系统就会受到破坏。④影响神经系统。碳酸饮料妨碍神经系统的冲动传导，容易引起儿童多动症。⑤破坏人体细胞的"能量工厂"。专家们认为碳酸饮料里的一种常见防腐剂能够破坏人体 DNA 的一些重要区域，严重威胁人体健康。

5. 碳酸饮料的饮用服务

（1）适合人群

一般人群均可饮用。但是不宜多饮，也不宜天天饮用。处于更年期者、儿童、老人、糖尿病患者更不宜多饮。

（2）饮用时间

吃饭前后，用餐中都不宜喝碳酸饮料。

（3）不能同酒一起饮用

这类饮品不要同酒一起饮用，以免加速人体对酒精的吸收，对胃、肝、肾造成严重损害。

6. 常有碳酸饮料

碳酸饮料可以增进鸡尾酒的口感，同时碳酸饮料可以净化鸡尾酒的酒体，让酒体更加清澈动人。

| 苏打汽水 | 通宁汽水 | 姜汁汽水 | 七喜汽水 | 可口可乐 |

（四）认识果蔬汁饮料及饮用服务

1. 果蔬汁饮料的含义

果蔬汁饮料是指将水果或蔬菜进行压榨、浸提、离心后得到的汁液，与糖、香精、色素等混合调制而成的饮料。果蔬汁饮料颜色艳丽，果蔬香味浓郁，口感较好，营养丰富，具有提高人体免疫力，促进消化和增强食欲的功效。

2. 果蔬汁饮料的发展

果蔬汁饮料在国内虽刚起步不到 40 年，但以汇源果汁、芒果汁、椰汁为代表的果汁型饮料越来越受到消费者的欢迎，尤其是天然的、具有新鲜果蔬的色、香、味和多种人体必需营养成分的果蔬汁饮料将逐步代替部分碳酸饮料。统计数据显示，果蔬汁饮料、茶类饮料分别位列"您平时愿意选择哪种类型的饮料"前两名，占比分别为 25% 和 16%，表明饮料在消费选择中，果蔬汁饮料是最受青睐的饮料品类，茶饮料位居第二，乳酸菌饮料、矿泉水以同样的占比居于第三位受欢迎的饮料品类。碳酸饮料以 11% 的占比居于第四类受欢迎的饮料品类。

3. 果蔬汁饮料分类

按成品状态分类，可将果蔬汁饮料分为鲜榨果蔬汁饮料和成品果蔬汁饮料。

（1）鲜榨果蔬汁饮料

鲜榨果蔬汁饮料是指用新鲜的水果或蔬菜直接榨取的纯果蔬汁饮料，如鲜榨苹果汁、鲜榨胡萝卜汁等。

（2）成品果蔬汁饮料

成品果蔬汁饮料是指由生产厂家采用一定方法制作出来的果蔬汁产品，主要包括稀释果蔬汁、浓缩果蔬汁和发酵果蔬汁。

稀释果蔬汁是指以新鲜的果蔬汁、糖、水、柠檬酸及其他原料调制而成的、酸甜度适宜的果蔬汁饮料。其原果蔬汁含量不低于 10%，是市面上常见的果蔬汁饮料之一。

浓缩果蔬汁是指将新鲜的水果或蔬菜榨汁，采用一定方法将鲜榨果蔬汁中的部分水分去除后得到的果蔬汁饮料。这类果蔬汁饮料不添加原料，需要冷冻保存，加水后可直接饮用。

发酵果蔬汁是指在果蔬汁中加入酵母进行发酵后得到酒精度约为0.5度的发酵液，再加入糖、水、柠檬酸等原料调制而成的果蔬汁饮料。这类果蔬汁饮料水果香气较浓。

4. 鲜榨果蔬汁饮料的常用配料

（1）纯净水（或凉白开）

有些水果蔬菜很容易榨汁，但对于水分较少的杏子、胡萝卜、苹果等水果蔬菜，加水辅助榨汁是必要的。而且对于吸收能力较弱的儿童，太浓的果蔬汁饮料也需要加水稀释饮用才好。

（2）蜂蜜

在制作果蔬汁饮料的实践中，你会发现部分营养价值较高的水果和蔬菜，特别是蔬菜，其口感并不好，比如芹菜等。这个时候你可以用添加蜂蜜的方法来调节口味。之所以主要用蜂蜜来调节口味，是因为蜂蜜本身也是营养丰富的养颜佳品，另一方面蜂蜜不会像糖一样让人发胖。

（3）冰块

冰块有各种各样的造型。冰块也可以有各种各样的颜色。冰块在制作果蔬汁饮料中发挥着重要的作用。其作用主要有：①添加色彩，颜色不同的冰块可以塑造不同的主题，从而增加饮料的吸引力；②调味，冰块可以增加饮料的爽口感；③降温，冰块可以降低果蔬汁饮料的温度。

（4）柠檬汁

柠檬汁是制作果蔬汁饮料很重要的一个配料，主要的作用如下：①调节口味；②有效防止果蔬汁饮料因氧化而变色；③维生素含量极为丰富，是美容的天然佳品，能防止和消除皮肤色素沉着，具有美白作用；④柠檬汁含有烟酸和丰富的有机酸，其味极酸，有很强的杀菌作用。

（5）薄荷叶

薄荷叶被看成是果蔬汁饮料的贴身伴侣，任何组合里放进几片薄荷叶，都可以起到以下两个作用：①调节果蔬汁饮料的口味；②增加果蔬汁饮料的形态美。

（6）酸奶

酸奶不仅具有牛奶的营养价值，且易被消化吸收而成为众多消费者喜欢的食品。将酸奶与果蔬汁制作材料一起放入榨汁机搅拌，可以榨出更营养、更美味的果蔬汁饮料来。

（7）牛奶

牛奶性味甘平、补气养血、富含蛋白质、糖类及维生素，牛奶中的蛋白质为完全蛋白质，含人体所需要的8种必需氨基酸，是最好的营养补品，对于味道比较清淡的果蔬汁饮料，加入浓香的牛奶不失为一个好主意。

（8）花生碎

花生的抗氧化作用强，能有效预防高血压以及动脉硬化。在榨好的果蔬汁饮料上撒上一层花生碎的话，不但可以让果蔬汁饮料更加香浓，而且可以给果蔬汁饮料的整体形象加分。

5. 鲜榨果蔬汁饮料调制要点

（1）材料选择

在制作鲜榨果蔬汁饮料的时候，以熟透的最佳。因为没有熟透的果蔬，无论在味道还是水分上都不敌前者。建议在选择果蔬的时候，尽量以当季果蔬为主。

（2）注意味道的调配

制作果蔬汁饮料要坚持这样的原则：尽量选择味道丰富的果蔬，充分利用其自然的味道。尽量少放蔗糖，因为蔗糖会加速分解维生素 B 族，同时导致钙、镁元素的流失。建议如果要增加甜味，可以放两片香蕉或者用蜂蜜。

（3）注意口感、色泽的调配

果蔬汁材料在制作之前放入冰箱冷冻片刻，或者在榨好后放入少许冰块会让口感变得更佳。色泽的调配，除了考虑果蔬汁饮料本身要表达的主题思想外，还需要考虑果蔬汁本身的色彩，以满足消费者对色彩的审美要求。

（4）避免维生素的流失

将不同的水果与蔬菜进行搭配和混合，难免导致维生素的流失。有效的做法是在榨汁的时候加入一些柠檬汁，这样可以很好地保护果蔬汁饮料中的维生素。

（5）适当添加辅料

在果蔬汁饮料中添加一些辅料，例如杏仁、芝麻、黄豆粉、可可粉等，不仅可以改善口味，还能增加果蔬汁饮料中的营养均衡性。

6. 果蔬汁饮料的饮用服务

①盛放果蔬汁饮料的杯具为海波杯。

②果蔬汁饮料一般冷藏饮用，但不宜在杯中加冰块饮用。

③果蔬汁饮料斟量一般为八分满。

7. 常用果蔬汁饮料

果蔬汁饮料所含有的果蔬色泽、风味对鸡尾酒的色彩和口味有着重要的意义。我们常饮用的果蔬汁饮料有：

柳橙汁　　　　　　凤梨汁　　　　　　　　葡萄汁　　　　　　　苹果汁

番茄汁　　　　　　　西柚汁　　　　　　蔓越莓浓缩汁

杨桃汁　　　　　　　　椰子汁　　　　　　　　莱姆汁

（五）认识咖啡及饮用服务

1. 咖啡的含义

咖啡（coffee）是采用经过烘焙的咖啡豆（咖啡属植物的种子）所制作出来的饮料，通常为热饮，但也有作为冷饮的冰咖啡。咖啡是人类社会流行范围最为广泛的饮料之一。

2. 咖啡的历史

"咖啡"一词源自埃塞俄比亚一个名叫卡法的小镇，在希腊语中"Kaweh"的意思是"力量与热情"。咖啡与茶叶、可可并称为世界三大饮料。咖啡树是属茜草科常绿小乔木，日常饮用的咖啡是用咖啡豆配合各种不同的烹煮器具制作出来的，而咖啡豆就是咖啡树果实内之果仁，再用适当的烘焙方法烘焙而成。

19世纪开始，咖啡由传教士传入中国。1884年，中国台湾开始种植咖啡树。1892年，法国传教士从境外将咖啡种带入中国云南。20世纪初，中国华侨将咖啡引入海南兴隆，因而传承了咖啡的历史。海南兴隆咖啡，自20世纪60年代开始，就备受多位国家领导人的关注，周恩来同志来访兴隆时说："喝了那么多咖啡，还是兴隆咖啡最好喝。"直至今日，兴隆一带仍流行着畅饮咖啡，怡然自得的老传统。2006年，兴隆咖啡被评为国家地理标志性产品。现在在我国云南、海南、广西、广东等省份都有了面积可观的咖啡种植基地，其中云南省的咖啡产量约占全国的90%。

3. 咖啡的产地

现今的咖啡品种约有100多种，但这百余种的咖啡，都是由阿拉伯克咖啡、罗布斯达咖啡以及赖比利亚咖啡这三大原种而来，分别来自不同的国家。

（1）巴西

巴西是最大的咖啡生产地，各种等级、种类的咖啡占全球1/3销量，在全球的咖啡交易市场上占有一席之地。虽然巴西所面临的天然灾害比其他地区高上数倍，但其种植的面积已经足以弥补。这里的咖啡种类繁多，特优等的咖啡虽不多，但却是用来混合其他咖啡的好选择。其中最出名的就是山多斯咖啡，它的口感香醇、中性，可以直接煮，或和其他种类的咖啡豆混合成综合咖啡。

（2）哥伦比亚

哥伦比亚咖啡产量是仅次于巴西的第二大咖啡工业国，从低级品至高级品都能生产，其中有些是世上少有的好货，味道香醇至令人爱不释手。

（3）墨西哥

墨西哥是中美洲主要的咖啡生产国，这里的咖啡口感舒适，有迷人的芳香，上好的墨西哥咖啡有科特佩（Coatepec）、华图司科（Huatusco）、欧瑞扎巴（Orizaba），其中科特佩被认为是世上最好的咖啡之一。

（4）夏威夷

夏威夷西南海岸的 Kona，出产夏威夷最传统且最出名的咖啡。美国等国家对单品咖啡的需求日渐增强，所以它的单价不但越来越高，并且也不容易买到。

（5）印尼

说到印尼的咖啡，一定不能漏了苏门答腊的高级曼特宁，它独特的香浓口感、微酸性的口味，可说是世界第一。

（6）哥斯达黎加

哥斯达黎加的高纬度地方所生产的咖啡豆是世上赫赫有名的。浓郁、味道温和，但极酸，这里的咖啡豆都经过细心的处理，正因如此，才有高品质的咖啡。

（7）安哥拉

安哥拉是全世界第四大咖啡工业国，但只出产少量的阿拉伯克咖啡，品质之高自不在话下。可惜的是，因其政治的动荡而导致每年的产量极不稳定。

（8）衣索匹亚

阿拉伯克咖啡的故乡。生长在高纬度的地方，需要很多人工悉心地照顾。这里有著名的衣索匹亚摩卡，它有着与葡萄酒相似的酸味，香浓，且产量颇丰。

（9）牙买加

牙买加的国宝——蓝山咖啡在各方面都堪称完美无瑕。真正的蓝色咖啡每年的产量只有 4 万袋。每年生产的蓝山咖啡 90% 为日本人所购买，世界其他地方只能获得蓝山咖啡出口配额的 10%。目前我国市场上销售的蓝山咖啡不外乎以下三种情况：第一种是蓝山式咖啡，它不含一颗真正的蓝山咖啡豆，主要是用巴西、瓜德罗普岛的廉价咖啡豆制成；而第二种蓝山咖啡是顶级蓝山式咖啡，主要是由产于夏威夷的可那咖啡豆或牙买加高山咖啡豆混合其他咖啡粉而成；第三种是被业内称为牙买加混合蓝山式的咖啡，是从日本进口的配制蓝山咖啡粉，由 30% 的蓝山咖啡和 70% 的最好的牙买加高山咖啡混合而成。

（10）肯亚

肯亚种植的是高品质的阿拉伯克咖啡豆，有着微酸、浓稠的香味，很受欧洲人的喜爱，尤其在英国，肯亚咖啡更超越了哥斯达黎加的咖啡，成为最受欢迎的咖啡之一。

（11）也门

也门的摩卡咖啡曾经风靡一时，在世界各地刮起一阵摩卡旋风，只可惜好景不长，在政治动荡及没有规划的种植之下，摩卡的产量十分不稳定。

（12）秘鲁

后起之秀的秘鲁咖啡正逐渐地打开其知名度，进军世界。它多种植在高海拔的地区，有规划地种植使得产量大大地提升，口感香醇，酸度恰如其分，有越来越多的人喜欢上它。

（13）瓜地马拉

瓜地马拉的中央地区种植着世界知名、风味绝佳的好咖啡，这里的咖啡豆多带有炭烧味、可可香，唯其酸度稍强。

4.咖啡的营养成分

（1）咖啡因

咖啡因是咖啡所有成分中最为人瞩目的。它属于植物黄质（动物肌肉成分）的一种，性质和可可内含的可可碱、绿茶内含的茶碱相同，烘焙后减少的百分比极微小。咖啡因的作用极为广泛，它可以加速人体的新陈代谢，使人保持头脑清醒和思维灵敏。

（2）丹宁酸

经提炼后，丹宁酸会变成淡黄色的粉末，很容易融入水，经煮沸后会分解产生焦梧酸，使咖啡味道变差。如果冲泡好又放上好几个小时，咖啡颜色会变得比刚泡好时浓，而且也较不够味，所以才会有"咖啡冲泡好，应尽快喝完"的说法。

（3）脂肪

咖啡内含的脂肪，在风味上占据极为重要的角色，分析后发现咖啡内含的脂肪分为好多种，而其中最主要的是酸性脂肪和挥发性脂肪。酸性脂肪是指脂肪中含有酸，其强弱会因咖啡种类不同而异；挥发性脂肪是咖啡香气主要来源。

（4）蛋白质

卡路里的主要来源是蛋白质。而咖啡的蛋白质所占比例不高，因此咖啡会成为减肥者圣品。

（5）糖分

在不加糖的情况下，我们除了会感受到咖啡因的苦味、丹宁酸的酸味，还会感受到甜味，这就是咖啡本身所含的糖分造成的。烘焙后大部分糖分会转为焦糖，为咖啡带来独特的褐色。

（6）矿物质

有石灰、铁质、硫黄、碳酸钠、磷、氯、硅等，因所占的比例极少影响咖啡的风味，综合起来只带来少许涩味。

5. 咖啡的基本种类

（1）单品咖啡

就是用原产地出产的单一咖啡豆磨制而成，饮用时一般不加奶或糖的纯正咖啡。有强烈的特性，口感特别：或清新柔和，或香醇顺滑；成本较高，因此价格也比较贵。比如著名的有蓝山咖啡、巴西咖啡、意大利咖啡。

（2）混合咖啡

不是一种特定的咖啡，而是在历史上形成的，一般由三种或三种以上不同品种的咖啡，按其酸、苦、甘、香、醇调配成另一种具有独特风味的咖啡。

6. 著名的咖啡饮品

（1）浓缩咖啡

浓缩咖啡（Espresso）是意大利人发明的，是以高压热水或蒸汽快速萃取的方式，把深度烘焙磨得很细的、压成粉饼的咖啡粉制成一种极其浓郁和醇厚的咖啡饮品的过程。烹制完美的浓缩咖啡表面会呈现一层深黄金的咖啡脂，称之为"Cream"。

（2）摩卡

摩卡（Mocha）是由拿铁咖啡演变而来的一种咖啡饮品。和拿铁咖啡一样，它通常也是由 1/3 的浓缩咖啡和 2/3 的热牛奶奶沫调制而成；和拿铁不同的是，"摩卡"中还会加入少量巧克力糖浆或巧克力粉，表面上通常还会以焦糖、肉桂粉或可可粉等作为装饰。

倘若在咖啡中加入的是白巧克力，则成为"白摩卡"（White Cafe Mocha）。如果加入的是黑、白两种巧克力糖浆，则被称为"斑马"（Zebras），或者"燕尾服摩卡"（Tuxedo Mocha），实际上都只是摩卡咖啡的一种形式上的变化而已。

（3）拿铁

拿铁（Latte）是诸多意大利式鲜奶咖啡中的一种，因为意大利语"Latte"一词就是"鲜奶"的意思。顾名思义，拿铁咖啡就是在咖啡中加入鲜奶制成的一种咖啡饮料。拿铁咖啡通常是以 1/3 的浓缩咖啡加 2/3 的经过蒸汽加热后的鲜奶调制而成。拿铁咖啡最明显的特征是分为三层，最底层是牛奶，中间是咖啡，上面一层是奶泡。

（4）卡布奇诺

根据意大利政府颁布的卡布奇诺（Cappuccino）的标准，一份卡布奇诺咖啡由温度不超过 3 ~ 5℃的 125 mL 牛奶，用蒸汽加热到 55 ℃，而后打制成奶泡，加入 25 mL 热的浓缩咖啡中制成。卡布奇诺咖啡杯的标准应为 150 ~ 160 mL 的陶瓷质咖啡杯。

（5）玛琪雅朵

传统的玛琪雅朵（Macchiato）制作比较简单，在浓缩咖啡中添加些奶泡，牛奶比较少，通常和浓缩咖啡的比例为 2：3。

（6）阿法奇朵

阿法奇朵（Affogato）是一种意大利式咖啡，其制作方法是在一份浓缩咖啡中加入适量冰淇淋，冰淇淋遇上热咖啡后渐渐融化，就好像沉没在咖啡中一般，因此意大利人也把这种咖啡叫作"Drowned"。

7.咖啡品鉴的基本项目

（1）酸性

酸性（Acidity）是所有生长在高原的咖啡所具有的酸辛强烈的特质。这种酸辛与苦味、发酸不同，与酸碱值也无关，它是促使咖啡发挥提振心神、涤清味觉等功能的一种清新、活泼的特质。

咖啡的酸味是形容一种活泼、明亮的风味表现，这个词有点类似于葡萄酒品评中的形容方式。假若咖啡豆缺乏了酸度，就等于失去了生命力，尝起来空洞乏味、毫无层次。酸度有许多不同的特征，像来自也门与肯尼亚的咖啡豆，其酸度特征就有着袭人的果香味以及类似红酒般的质感。

（2）香气

香气（Aroma）是咖啡调配完成后所散发出来的气息与香味。用来形容气味的词包括焦糖味、炭烤味、巧克力味、果香味、草味、麦芽味等。

（3）稠度

稠度（Body）是指饮用咖啡后，舌头留有的口感，即作用于舌头的黏性、厚重和丰富度的感觉。醇度的变化可分为清淡到如水到淡薄、中等、高等、脂状，甚至如糖浆般浓稠。

（4）口味

口味（Flavor）是对香气、酸度、与醇度的整体印象。

8.咖啡的饮用服务

（1）咖啡匙的用法

咖啡匙是专门用来搅咖啡的，饮用咖啡时应当把它取出来。不要用咖啡匙舀着咖啡一匙一匙地慢慢喝，也不要用咖啡匙来捣碎杯中的方糖。

（2）空腹不宜喝咖啡

咖啡会刺激胃酸分泌，而且含糖高。空腹喝咖啡会使血液中的血糖增高。

（3）酒后不宜喝咖啡

酒后即喝咖啡，会使大脑从极度抑制转为极度兴奋，加快血液循环，增加心血管负担，对人体造成的损害甚至会超过喝酒本身。

（六）认识可可

1.可可的含义

可可是世界三大饮料之一（其他两大饮料为咖啡、茶），原产于美洲热带，营养丰富，味醇且香。非洲是世界上最大的可可生产区，多销往西欧和美国。

2. 可可的起源

可可来源于可可树的种子。大约在 3 000 年前，美洲的玛雅人就开始培植可可树。可可树是一种热带常绿植物，属于梧桐科，只能生长在南纬 20° 至北纬 20°，年平均温度为 18 ~ 28 ℃，需要高湿度，海拔应低于 300 m，所以目前可可树被广泛种植在拉丁美洲、东南亚、非洲。可可豆是可可树的种子，美洲的玛雅人称其为 Cacau，并将可可豆烘干碾碎，和水混合成一种苦味的饮料。阿兹台克人称其为 Xocoatl，意思为"苦水"，他们为皇室专门制作热的饮料，叫 Chocolatl，意思是"热饮"，是"巧克力"这个词的来源。

3. 可可的制作工艺

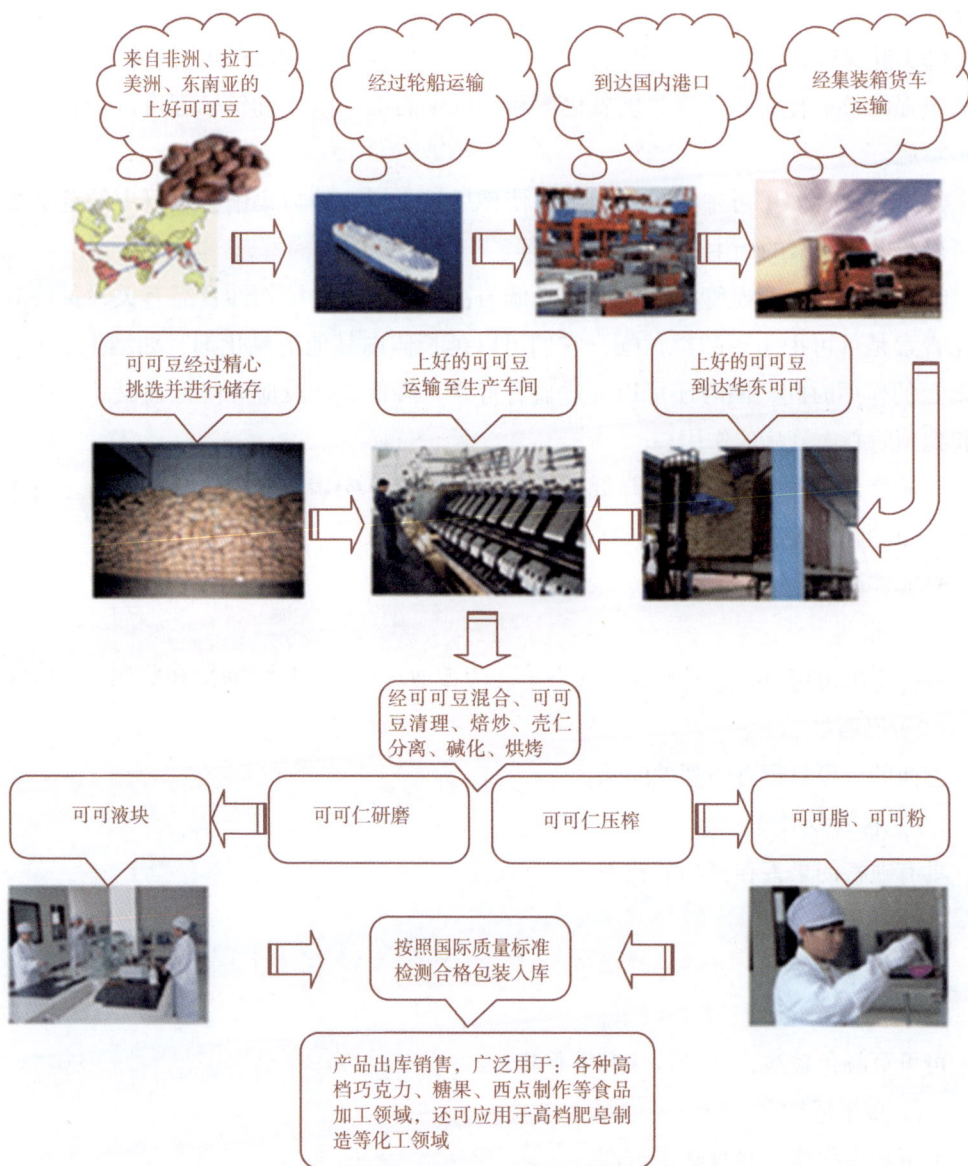

4. 可可的营养价值与功能

（1）营养价值

科学家发现，可可富含油酸、亚油酸、硬脂酸、软脂酸、蛋白质、维生素 B_1、B_3、B_5、B_6、维生素 E、矿物质钙、镁、铜、钾、钠、铁、锌；纤维素以及可可碱等。此外，可可含有 500 多种芳香物质，可可熔点为 35 ℃～37 ℃，味道和口感令人回味无穷。

（2）功能

①控制食欲，稳定血糖，控制体重。可可富含可可脂、蛋白质、纤维素、多种维生素和矿物质，营养全，可吸收碳水化合物很少（不到 10%）。所以，可可属于绿色食品，喝可可容易有饱腹感，并对血糖影响很小，并且可可中的可可脂等物质有稳定情绪、控制食欲的作用。

②美肤美容，喝可可不会上火长痘。可可中丰富的原花青素和儿茶素以及维生素 E，具有很强的抗氧化作用。这些抗氧化剂和可可中的维生素 A 和锌一起可以美肤美容、去痘除疤。

③聚精提神。可可中的可可碱可以使你思维敏锐，精力集中。可可中的色氨酸和镁可以帮助血清素的产生，使你变得冷静。

④强心利尿。心血管疾病的风险降低与富含类黄酮的植物性食品有关，黄烷醇和原花青素是可可中主要的类黄酮，它们可以延长体内其他抗氧化剂，如维生素 E、维生素 C 的作用时间，同时还可以促进血管舒张，降低炎症反应和降低血凝块形成，从而起到预防心血管病的作用。

⑤抗氧化益寿。可可能够降低心血管病和癌症等疾病的风险，延长寿命。对多种疾病，如心血管病、癌症及衰老有预防作用。

5. 可可的主要产地

（1）非洲

号称金牌可可豆，品质均匀，适合生产浓香型巧克力，带有酸涩和浓郁的果香味。

（2）巴西

巴西的可可豆带有强烈的酸味。

（3）厄瓜多尔

具有独特的果香和植物的花香。

（4）爪哇

轻度的干酪酸味，并略呈红褐色。

（5）委内瑞拉

可可豆颜色较浅，略带苦味和果香味。

（6）多米尼加

可可味道很淡，并且味道苦涩。

6. 可可的饮用服务

（1）可可 + 豆浆

材料：可可粉 + 豆浆。

做法：将可可粉一勺加入一杯无糖豆浆中，搅拌即可饮用。

吃法：早晚各一次，连续食用 3 ~ 4 周效果明显。

功效：可清热解毒，加强脂肪燃烧。另外，豆浆中含大量食物纤维，本身带有少许甜味，可令味道更美。

（2）可可 + 龟苓膏

材料：可可粉、原味龟苓膏一盒。

做法：在龟苓膏中加入可可粉一勺，切块后即食。

吃法：早中晚餐前各一盒，连续 2 ~ 3 周，效果逐渐明显。

功效：可利尿，排除肠道长期堆积的毒素，达到轻松瘦腰腹的效果。

（七）认识茶及饮用服务

1. 茶的含义

茶是以茶叶为原料，经沸水泡制而成的饮料。茶属于山茶科，为常绿灌木小乔木植物，植株高达 1 ~ 6 m。茶树喜欢湿润的气候，在我国长江流域以南地区有广泛栽培。茶树叶子制成茶叶，泡水后使用，有强心、利尿的功效。

茶是世界三大饮料之一，现在全世界已有 160 多个国家、30 多亿人在喝茶，有 50 多个国家在种植茶叶，茶在我国是公认的国饮。老百姓说："开门七件事，柴米油盐酱醋茶。"茶是我国民众物质生活的必需品。文人们说："文人七件宝，琴棋书画诗酒茶。"茶是我国传统文化艺术的载体。人们视茶为生活的享受，健身的良药，提神的饮料，友谊的纽带，文明的象征。饮茶之乐，其乐无穷。

2. 茶的起源

中国是最早发现和利用茶树的国家，被称为茶的祖国。文字记载表明，我们祖先在 3 000 多年前已经开始栽培和利用茶树。茶的起源问题，历来争论较多，随着考证技术的发展和新发现，才逐渐达成共识，即中国是茶的原产地，并确认中国西南地区，包括云南、贵州、四川是原产地的中心。

中国在茶业上对人类的贡献，主要在于最早发现并利用茶这种植物，并把它发展形成为我国和东方乃至整个世界的一种灿烂独特的茶文化。中国茶业，最初兴于巴蜀，其后向东部和南部逐次传播开来，以致遍及全国。到了唐代，随着中外文化交流和商业贸易的开展而传向全世界。最早传入日本、朝鲜，其后由南方海路传至印尼、印度、斯里兰卡等国家，16 世纪至欧洲各国并进而传到美洲大陆，又由北方传入波斯、俄国。西方各国语言中"茶"一词，大多源于当时海上贸易港口福建厦门及广东方言中"茶"的读音。可以说，中国给了世界茶的名字，茶的知识，茶的栽培加工技术，世界各国的茶叶，直接或间接，与我国茶叶有千丝万缕的联系。

3. 茶的种类

（1）绿茶

绿茶是不发酵的茶叶，其干茶色泽和冲泡后的茶汤、叶底以绿色为主调，故名绿茶。绿茶具有香高、味醇、形美、耐冲泡等特点。由于加工时干燥的方法不同，绿茶又可分为炒青绿茶、烘青绿茶、蒸青绿茶和晒青绿茶。绿茶是我国产量最多的一类茶叶，我国绿茶品种之多居世界之首，每年出口数万吨，占世界茶叶市场绿茶贸易量的 70% 左右。杭州西湖龙井形如雀舌，色泽翠微，香馥浓烈，滋味鲜爽，具有"形美、色绿、香郁、味醇"的特点；江苏太湖洞庭碧螺春茶叶外形像烫过的头发一样卷曲成螺，白嫩的茸毛遍布，叶底嫩如雀舌；其他如信阳毛尖、黄山毛峰、太平猴魁、六安瓜片、老竹大方、日照绿茶等名茶都为绿茶。

（2）红茶

红茶是经过发酵的茶叶，加工时不经杀青，而用萎凋，使鲜叶失去一部分水分，再揉捻（揉搓成条或切成颗粒），然后发酵，使所含的茶多酚氧化，变成红色的化合物。这种化合物一部分溶于水，一部分不溶于水，积累在叶片中，从而形成红汤、红叶。红茶主要有小种红茶、功夫红茶和红碎茶三大类。著名的红茶品种有安徽祁门红茶（祁红）、安徽霍山红茶（霍红）、江苏宜兴红茶（苏红）、云南红茶（滇红）和广东英德红茶（英红）等。其中祁门红茶最为著名；世界著名的四大红茶是祁门红茶、阿萨姆红茶、大吉岭红茶、锡兰高地红茶。

（3）乌龙茶

乌龙茶也称青茶，是半发酵茶，即制作时适当发酵，使叶片稍有红变，是介于绿茶与红茶之间的一种茶类。乌龙茶的叶片中间为绿色，叶缘呈红色，故有"绿叶红镶边"之称。它既有绿茶的鲜浓，又有红茶的甜醇。它要经过凋萎、发酵、炒青、揉捻和干燥等工艺完成。乌龙茶具有"减肥茶"和"美容茶"之称。乌龙茶可分为闽北乌龙、闽南乌龙、广东乌龙和台湾乌龙四大类。

（4）白茶

白茶是我国的特产，属于轻微发酵茶。白茶最主要的特点是毫色银白，素有"银装素裹"之美感，且芽头肥壮，汤色黄亮，滋味鲜醇，叶底嫩匀。冲泡后品尝，滋味鲜醇可口，还能起药理作用。它加工时不炒不揉，只将细嫩、叶背满茸毛的茶叶晒干或用文火烘干，而使白色茸毛完整地保留下来。白茶主要产于福建的福鼎、政和、松溪和建阳等县。

（5）黄茶

黄茶属于轻发酵茶，在制茶过程中，经过闷堆渥黄，因而形成黄叶、黄汤。分"黄芽茶""黄小茶""黄大茶"三类。黄茶芽叶细嫩，显毫，香味鲜醇。由于品种的不同，在茶片选择、加工工艺上有相当大的区别。比如，湖南省岳阳洞庭湖君山的"君山银针"茶，采用的全是肥壮的芽头，制茶工艺精细，分杀青、摊放、初烘、复摊、初包、复烘、再摊放、复包、干燥等工序。

（6）黑茶

黑茶属于后发酵茶，因茶色黑褐而得名，又称"边销茶"。黑茶的基本工艺流程是杀青、揉捻、渥堆、干燥。黑茶的原料一般较粗老，加之制造过程中往往堆积发酵时间较长，因而叶色油黑或黑褐。黑茶按照产区的不同和工艺上的差别，可以分为湖南黑茶、湖北老青茶、四川边茶和滇桂黑茶。其中云南普洱茶古今中外久负盛名。普洱茶滋味醇厚回甘，具有独特的陈香味儿，有"美容茶"之声誉。

（7）花茶

花茶也称熏花茶、香花茶、香片，为我国独特的一个茶叶品类。由精制茶坯与具有香气的鲜花拌和，通过一定的加工方法，促使茶叶吸附鲜花的芬芳香气而成。花茶是集茶味与花香于一体，茶引花香，花增茶味，相得益彰，既保持了浓郁爽口的茶味，又有鲜灵芬芳的花香。最普通的花茶是用茉莉花制的茉莉花茶。普通花茶都是用绿茶制作，也有用红茶制作的。

（8）紧压茶

紧压茶属于再加工茶，是以黑毛茶、老青茶、做庄茶及其他适制毛茶为原料，经过渥堆、蒸、压等典型工艺过程加工而成的砖形或其他形状的茶叶。紧压茶在少数民族地区非常流行。紧压茶喝时需用水煮，时间较长，因此茶汤中鞣酸含量高，非常有利消化，但也促使人产生饥饿感，所以喝时一般要加入有营养的物质。蒙古人习惯加奶，叫奶茶；藏族人习惯加酥油，为酥油茶。我国紧压茶产区比较集中，主要有湖南、湖北、四川、云南、贵州等省。

（9）萃取茶

萃取茶是以成品茶或半成品茶为原料，用热水萃取茶叶中的可溶解物，过滤弃去茶渣，获得的茶叶，经浓缩或不浓缩、干燥或不干燥，制成固态或液态茶，统称萃取茶。主要有灌装饮料茶、浓缩茶及速溶茶。

（10）果味茶

果味茶是在茶叶半成品或成品中加入果汁后制成的各种含有水果味的茶。这类茶既有茶味、又有果香味、风味独特。我国生产的果味茶主要有荔枝红茶、柠檬红茶、山楂茶等。

（11）药用保健茶

药用保健茶是指用茶叶和某些中草药或食品拼合调制而成的各种保健茶。茶叶本来就有营养保健作用。经过调配，更加强了它的某些防病治病的功效。保健茶种类繁多，功效也各不相同。

（12）含茶饮料

含茶饮料是在饮料中添加各种茶汁而开发出来的新型饮料，如茶可乐、茶露、茶汽水等。

4. 茶的营养价值

茶是世界著名的三大饮料之一，被誉为"东方饮料的皇帝"，是我国人民最主要的饮料。

茶营养丰富，所含的成分很多，将近400种。主要有咖啡碱、茶碱、可可碱、胆碱、黄嘌呤、黄酮类及苷类化合物、茶鞣质、儿茶素、萜烯类、酚类、醇类、醛类、酸类、酯类、芳香油化合物、碳水化合物、多种维生素、蛋白质和氨基酸。茶中还含有钙、磷、铁、氟、碘、锰、钼、锌、硒、铜、锗、镁等多种矿物质。茶的这些成分，对人体大多有益。它的主要功能是止泻生津、提神醒脑、消食解腻、通便利尿、去痰止咳、明目清火、消暑止痢、消炎解毒等。

5. 茶的泡制技术

（1）泡茶三要素

要泡好一杯茶或一壶茶，包括三个要素：第一是茶叶用量，第二是泡茶水温，第三是冲泡时间。茶叶用量就是每杯或每壶中放适当分量的茶叶，泡茶水温就是用适当温度的水冲泡茶叶，冲泡时间包含有两层意思，一是将茶泡到适当的浓度的时间，二是指有些茶叶要冲泡数次，每次需要泡多少时间。

（2）泡茶步骤

冲泡不同的茶叶，要使用不同的茶具，其泡法也不相同。但是以下几个环节是大多数茶叶冲泡的共同步骤。

①备器。根据即将冲泡的茶叶和人数，将相应的茶器具码放在茶桌上。

②煮水。根据茶叶品种，将水烹煮至所需温度。

③备茶。从茶罐中取适量茶叶至茶荷中备用。如果选用的是外形美观的名茶，可和品茗者先欣赏茶叶的外形和闻干茶香。如不需赏茶，也可以从茶罐中取茶直接入壶（杯）。

④温壶（杯）。用开水注入茶壶、茶杯（盏）中，以提高壶、杯（盏）的温度，同时使茶具得到再次清洁。

⑤置茶。将冲泡的茶叶置入壶或杯中。

⑥冲泡。将温度适宜的开水注入壶或杯中。如果冲泡发酵或茶型紧结的茶类时，如红茶、乌龙茶等，第一次冲水数秒即将茶汤倒掉，称之为温润泡（也称洗茶），即让茶叶有一个舒展的过程，然后将开水再次注入壶中，待60 s后，即可将茶汤倒出。

⑦奉茶。无论何种泡茶方法，最终泡茶人都要将盛有香茗的茶杯奉到品茗人面前，一般双手奉茶，以示敬意。

⑧收具。品茗活动结束后，泡茶人应将茶杯收回，壶（杯）中的茶渣倒出，将所有茶具清洁后归位。以上是共性，然而具体到不同的茶类和茶具，其冲泡方法各有特点。

6. 常见茶的冲泡技艺

（1）绿茶的冲泡法

①绿茶玻璃杯冲泡法。

A. 备具：准备无刻花透明玻璃杯（根据品茶人数而定），茶叶罐、开水壶（煮水器）、茶荷、茶匙、茶巾、水盂。

B. 赏茶：用茶匙从茶叶罐中轻轻拨取适量茶叶入茶荷，供客人欣赏干茶外形及香气，可适当向客人介绍茶叶的品质特征及文化背景。

C. 洁具：将玻璃杯一字摆开，呈弧状排放，依次倾入 1/3 杯的开水，然后从左侧开始，右手捏住杯身，左手托杯底，轻轻旋转杯身，杯中的开水依次倒入水盂。当面清洁茶具既是对客人的礼貌，也是让玻璃杯预热，防止正式冲泡时炸裂。

D. 置茶：用茶匙将茶荷中的茶叶慢慢拨入茶杯中待泡。每 50 mL 容量用茶 1 g。

E. 温润泡：将开水壶中适度的开水倒入杯中，水温 80 ~ 85 ℃，注水为茶杯容量的 1/4 左右，注意开水不要直接浇在茶叶上，应顺着杯子内壁倾倒，以避免烫伤茶叶，此泡时间在 15 s 之内。

F. 冲泡：执开水壶以"凤凰三点头"高冲注水，使茶杯中的茶叶上下翻滚，有助于茶叶内物质浸出，茶汤浓度达到上下一致。一般冲水至七成满即可。

G. 奉茶：右手轻握杯身（注意不要捏杯口），左手托杯底，双手将茶送到客人面前，放在方便客人提取品饮的位置。茶放好后，向客人伸出右手，做出"请"的手势，或说"请品茶"。

②绿茶盖碗泡法。

A. 备具：准备盖碗（根据品茗人数定），茶叶罐、开水壶（煮水器）、茶荷、茶匙、茶巾、水盂。

B. 赏茶：用茶匙从茶叶罐中轻轻拨取适量茶叶入茶荷，供客人欣赏干茶外形及香气，可适当向客人介绍茶叶的品质特征及文化背景。

C. 洁具：将盖碗一字摆开，掀开碗盖。右手拇指、中指捏住盖钮两侧，食指抵住钮面，将盖掀开，斜搁于碗托右侧，依次向碗中注入开水，三分满即可，右手将碗盖稍加倾斜地盖在茶碗上，双手持碗身，双手拇指按住盖钮，轻轻旋转茶碗三圈，将洗杯水从盖和杯身之间的缝隙中倒出，放回碗托上，右手再次将碗盖掀开，斜搁于碗托右侧，其余茶碗按同样方法进行清洁。洁具的同时达到温热茶具的目的，使冲泡时减少茶汤的温度变化。

D. 置茶：左手持茶荷，右手拿茶匙，将干茶依次拨入茶碗中待泡。通常 1 g 细嫩绿茶冲入开水 50 ~ 60 mL，一般普通盖碗放入 2 g 左右的干茶即可。

E. 冲水：将水温在 80 ℃左右的水高冲入碗，水柱不要直接落在茶叶上，应落在碗的内壁上，冲水量以七分满为宜，冲入水后迅速将盖碗稍加倾斜地盖在茶碗上，使盖沿与碗沿之间有一空隙，避免将碗中的茶叶焖黄泡熟。

F. 奉茶：双手持碗托，礼貌将茶奉给宾客。

③绿茶的壶泡法。

"嫩芽杯泡，老茶壶泡"，对于中低档的绿茶，可以选用瓷壶或紫砂壶冲泡法。

A. 备具：准备茶壶、茶杯、茶叶罐、茶匙、开水壶（煮水器）、茶巾、水盂。

B. 洁具：将开水冲入茶壶，摇晃茶壶数下，依次将茶壶内的水注入茶杯中，再将茶杯中的水旋转倒入水盂，洁净茶具的同时温热器具。

C. 置茶：用茶匙将茶叶罐中的绿茶拨入壶内。茶叶用量按壶大小而定，一般以每克茶冲 50 ～ 60 mL 的水的比例，将茶叶投入茶壶待泡。由于茶叶不具备欣赏价值，赏茶的步骤可以省略。

D. 冲泡：将 85 ～ 90 ℃的开水先以逆时针方向旋转高冲入壶，待水没过茶叶后，改为直流冲水，最后用"凤凰三点头"将壶注满，必要时还须用壶盖刮去壶口水面的浮沫。

E. 分茶：茶叶在壶中浸泡 3 min 左右将茶壶中茶汤倒入茶杯。应采用循环倾注法，一般以茶汤入杯七分满为标准。若分三杯茶汤，那么第一杯先注 1/3 杯，第二杯注 2/3 杯，第三杯注七分满即可，再依先第二杯，再第一杯顺序将其余两杯注满。以此类推。

F. 奉茶：用双手捧杯奉茶，并伸手示意"请用茶"。

（2）红茶的冲泡

①清饮杯泡法。

A. 备具：白色有柄瓷杯、茶叶罐、茶荷、茶匙、开水壶（煮水器），茶巾、水盂。

B. 洁具：用开水冲杯，以洁净茶具，并起到温杯的作用。

C. 赏茶：用茶匙拨取适量茶叶入茶荷，供宾客欣赏干茶的外形及香气。

D. 置茶：用茶匙将茶叶依次拨入茶杯中，每 60 mL 左右水容量需要干茶 1 g。

E. 冲水：90 ℃左右的水以高冲法冲入茶杯，七分满即可。

F. 奉茶：将冲好的茶，双手持杯托，有礼貌地将茶奉给宾客。

②清饮壶泡法。

A. 备具：紫砂壶或与咖啡壶通用，因品饮红茶，观色是重要内容，因此，盛茶杯以白瓷或内壁呈白色为好，而且壶与杯的用水量须配套: 茶叶罐、茶匙、开水壶（煮水器），茶巾、水盂。

B. 洁具：用开水注入壶中，持壶摇数下，再依次倒入杯中，以洁净茶具。

C. 置茶：用茶匙从茶叶罐中拨取适量茶叶，根据茶壶的大小，每 60 mL 左右水容量需要干茶 1 g（红碎茶每克需要 70 ～ 80 mL 水）。

D. 冲泡：将 90 ℃左右水高冲入壶。

E. 分茶：静置 3 ~ 5 min 后，提起茶壶，轻轻摇晃，待茶汤浓度均匀后，采用循环倾注法——倒茶入杯。

F. 奉茶：有礼貌地将茶奉给宾客。

③调饮法冲泡。

红茶的调饮冲泡法与清饮壶冲泡法相似，只要在泡好的茶汤中加入调味品即可，调味红茶主要有牛奶红茶、柠檬冰红茶、蜂蜜红茶、白兰地红茶等。

A. 备具：按人数选用茶壶以及相配的茶杯，茶杯多选用有柄带托的瓷杯，如制作冰红茶，也可选用透明的直筒玻璃杯或矮脚玻璃杯；茶叶罐、烧水壶、调羹。

B. 洁具：将开水注入壶中，持壶摇数下，再依次倒入杯中，以洁净茶具。

C. 置茶：用茶匙从茶叶罐中拨取适量茶叶入壶。根据壶的大小，每 60 mL 左右水容量需要干茶 1 g（红碎茶每克需 70 ~ 80 mL 水）。

D. 冲泡：将 90 ℃左右开水高冲入壶。

E. 分茶：静置 3 ~ 5 min 后，提起茶壶，轻轻摇晃，待茶汤浓度均匀后，滤去茶渣，一一倒茶入杯。随即加入牛奶和糖，或一片柠檬，或一两匙蜂蜜，或少量白兰地，调味品量的多少，可依每位客人的口味而定。

F. 奉茶：持杯托礼貌奉茶给宾客，杯托上须放一个调羹。

（3）乌龙茶的冲泡方法

A. 备具：烧水炉具，俗称风火炉，用于生火煮水，多用于红泥或紫泥制成，为方便快捷，也可用电热壶烧水。盖碗（或小紫砂壶），由于潮汕功夫茶多选用凤凰水仙系品种，茶条粗大挺直，适合于大肚开口的盖碗冲泡。品茗杯：雅称若琛瓯。传统潮汕功夫茶多选薄胎白瓷小杯，只有半个乒乓球大。茶承、茶叶罐、茶匙、茶巾、茶荷等。

B. 温具：泡茶前，先用开水壶向盖碗中注入沸水，斜盖盖碗。右手从盖碗上方握住碗身，将开水从盖碗与碗身的缝隙中倒入一字排开的品茗杯里。

C. 赏茶：用茶匙拨取适量茶叶入茶荷，供宾客欣赏干茶的外形及香气。

D. 置茶：将盖碗斜搁于碗托上，从茶荷中拨取适量茶叶入盖碗。

E. 冲水：用开水壶向碗中冲入沸水。冲水时，水柱从高处直冲而入，要一气呵成，不可断续，俗称"高冲"。

F. 刮沫：用开水冲至九分满，茶汤中有白色泡沫浮出，用拇指、中指捏住盖钮，食指抵住钮面，拿起碗盖，由外向内沿水平方向刮去泡沫。

G. 洗茶：第一次冲水后，15 s 内要将茶汤倒出，也称温润泡。可以将茶叶表面的灰尘洗去，同时让茶叶有一个舒展的过程。倒水时，应将碗盖斜搁于碗身上，从碗盖和碗身的缝隙中将洗茶水倒入茶池。

H. 正式冲泡：仍以"高冲"的方式将开水注入盖碗中，如产生泡沫，用盖碗刮去后加盖保香。

I.倒茶：第一泡茶，浸泡时间 1 min 即可倒茶。倒茶时，盖碗应尽量靠近品茗杯，俗称"低斟"可以防止茶汤香气和热量的散失。倾茶入杯时，茶汤从斜置的盖碗和碗身的缝隙中倒出，并在一字排开的品茗杯中来回轮转，通常反复两三次才将茶杯斟满，称为"关公巡城"。茶汤倾毕，尚有余滴，须一滴一滴依次循回滴入各个茶杯，称为"韩信点兵"。采用这样的斟茶法，目的在于使各杯中的茶汤浓淡一致，而避免先倒为淡，后倒为浓的现象。

J.奉茶：有礼貌将茶奉到宾客面前。

（4）普洱茶的冲泡

①备具：茶盘、盖碗、小品杯（多用白瓷杯，可以更好观赏汤色）、茶承、茶叶罐、茶匙、茶巾、茶荷及烧水炉具等。

②温壶烫盏：用烧沸的开水冲入盖碗，再将盖碗中的沸水倒入公道杯，持公道杯摇几下，依次倒入小品杯中。

③赏茶：用茶匙拨取适量茶叶入茶荷，供宾客欣赏干茶的外形及香气。

④置茶：用茶匙从茶叶罐中拨取适量茶叶放入盖碗，一般用茶量为 5 ~ 8 g。

⑤洗茶：将沸水大水流冲入盖碗，使盖碗中的茶叶随水流快速翻滚，达到充分洗涤的目的。将洗茶水从斜置的盖碗和碗沿的缝隙中倒出。

⑥泡茶：再次将沸水先高后低冲入盖碗后加盖。冲泡时间分别为：第一泡 10 s，第二泡 15 s，第三泡后，依次冲泡 20 s。若是陈年的普洱茶，至第十泡时，茶汤依然红艳，甘滑回甜。

⑦出汤：即将盖碗中冲泡的普洱茶汤倒入公道杯中，出汤前要用碗盖刮去浮沫。

⑧分茶：将公道杯中的茶汤依次倒入小品杯中，以七分满为宜。

⑨奉茶：有礼貌将茶奉到宾客面前。

（5）花茶的冲泡

①备具：准备盖碗、茶叶罐、开水壶（煮水器）、茶荷、茶匙、茶巾、水盂。如冲泡中低档花茶，茶叶外形无多少观赏价值，可采用茶壶泡法。即用茶壶泡茶后，分茶入杯，这样可使茶性不与宾客直接见面，宾客依然可以通过对茶汤的闻香和品尝得到花茶的香味。

②置茶：用茶匙从茶叶罐中拨取适量茶叶放入盖碗，一般用茶量为 2 ~ 3 g。

③浸润：先用少许开水，按同一方向高冲入碗，以浸润茶叶。

④冲泡：约 10 s 后，再向碗中冲水至七分满，随即加盖，避免香气散失。

⑤奉茶：将茶碗连托，用双手有礼貌奉给宾客。

⑥品茶：花茶经冲泡后，需静置 3 min 左右，方可饮用。品饮前，可先掀开碗盖闻茶香，再用碗盖轻轻推开浮叶，从斜置的碗盖和碗沿的缝隙中品饮。

（6）安溪铁观音的冲泡

备具候用：按正确顺序摆放好茶具。主要包括紫砂水平壶、公道杯、品茗杯、闻香杯等。

恭请上座：请客人依次坐下。

焚香静气：焚点檀香，营造肃穆祥和气氛。

活煮甘泉：泡茶以山水为上，用活火煮至初沸。

孔雀开屏：向客人介绍冲泡的茶具。

叶嘉酬宾：请客人观赏茶叶，并向客人介绍此茶叶的外形、色泽、香气特点。

孟臣沐淋：用沸水冲淋水平壶，提高壶温。

高山流水：即温杯洁具，把紫砂壶里的水倒入品茗杯中，动作舒缓起伏，保持水流不断。

乌龙入宫：把乌龙茶拨入紫砂壶内。

百丈飞瀑：用高长而细的水流使茶叶翻滚，达到温润和清洗茶叶的目的。

玉液移壶：把紫砂壶中的初泡茶汤倒入公道杯中。

分盛甘露：再把公道杯中的茶汤均匀分到闻香杯。

凤凰三点头：采用三起三落的手法向紫砂壶注水至满。

春风拂面：用壶盖轻轻刮去壶口的泡沫。

重洗仙颜：用开水浇淋壶体，洗净壶表，同时达到内外加温的目的。

内外养身：将闻香杯中的茶汤浇淋在紫砂壶表，起到养壶的作用，同时可保持壶表的温度。

游山玩水：用紫砂壶在茶船边沿旋转一圈后，移至茶巾上吸干壶底水。

自有公道：把泡好的茶倒入公道杯。

关公巡城：将公道杯中的茶汤快速循回均匀分到闻香杯至七分满。

韩信点兵：将最后的茶汤用点斟的手势均匀地分到闻香杯中。

若琛听泉：把品茗杯中的水倒入茶船。

乾坤倒转：将品茗杯倒扣到闻香杯上。

翻江倒海：将品茗杯及闻香杯倒置，使闻香杯中的茶汤倒入品茗杯中，然后放在茶托上。

敬奉香茗：双手拿起茶托，齐眉奉给客人，向客人行注目礼。然后重复若琛听泉至敬奉香茗程序，最后一杯留给自己。

空谷幽兰：示意客人用左手旋转拿出闻香杯热闻茶香，双手搓闻茶底香。

三龙护鼎：示意客人用拇指和食指扶杯，中指托杯底拿品茗杯。

鉴赏汤色：请客人观赏茶汤的颜色及光泽。

初品奇茗：在观汤色、闻汤香后，开始品茶味。

二探兰芷：即冲泡第二道茶。

再品甘露：主要让客人细品茶汤滋味。

三斟石乳：即冲泡第三道茶。

领略茶韵：边介绍边让客人体会乌龙茶的真韵。

自斟慢饮：让客人体会亲自冲泡茶的乐趣。

敬奉茶点：根据客人需要奉上茶点，增添茶趣。

游龙戏水：即鉴赏叶底，把泡开的茶叶放入白瓷碗中，让客人观赏乌龙茶"绿叶红镶边"的品质特征。

尽杯谢茶：宾主起立，共干杯中茶，相互祝福、道别。

7. 中国十大名茶

中国茶叶历史悠久，各种各样的茶类品种，万紫千红，竞相争艳。中国名茶在国际上享有很高的声誉。

（1）杭州西湖龙井

西湖龙井茶以"狮（峰）、龙（井）、云（栖）、虎（跑）、梅（家坞）"排列品第，以西湖龙井茶为最。龙井茶外形挺直削尖、扁平俊秀、光滑匀齐、色泽绿中显黄。冲泡后，香气清高持久，香馥若兰；汤色杏绿，清澈明亮，叶底嫩绿，匀齐成朵，芽芽直立，栩栩如生。品饮茶汤，沁人心脾，齿间流芳，回味无穷。

（2）江苏洞庭碧螺春

洞庭碧螺春茶产于江苏省苏州太湖洞庭山。当地人称"吓煞人香"。碧螺春茶条索纤细，卷曲成螺，满披茸毛，色泽碧绿。冲泡后，味鲜生津，清香芬芳，汤绿水澈，叶底细匀嫩。尤其是高级碧螺春，可以先冲水后放茶，茶依然徐徐下沉，展叶放香，这是茶叶芽头壮实的表现，也是其他茶所不能比拟的。

（3）太平黄山毛峰

黄山毛峰茶产于安徽省太平县以南，歙县以北的黄山。黄山毛峰茶园就分布在云谷寺、松谷庵、吊桥庵、慈光阁以及海拔 1 200 m 的半山寺周围，茶树天天沉浸在云蒸霞蔚之中，因此茶芽格外肥壮，柔软细嫩，叶片肥厚，经久耐泡，香气馥郁，滋味醇甜，成为茶中的上品。黄山毛峰的品质特征是外形细扁稍卷曲，状如雀舌披银毫，汤色清澈带杏黄，香气持久似白兰。

（4）安溪铁观音

属青茶类，是我国著名乌龙茶之一。安溪铁观音茶产于福建省安溪县。安溪铁观音茶历史悠久，素有茶王之称。安溪铁观音茶，一年可采四期茶，分春茶、夏茶、暑茶、秋茶。制茶品质以秋茶为最佳，春茶次之。品质优异的安溪铁观音茶，条索肥壮紧结，质重如铁，芙蓉沙绿明显，青蒂绿，红点明，甜花香高，甜醇厚鲜爽，具有独特的品味，回味香甜浓郁，冲泡 7 次仍有余香；汤色金黄，叶底肥厚柔软，艳亮均匀，叶缘红点，青心红镶边。

（5）岳阳君山银针

我国著名黄茶之一。君山茶，始于唐代，清代纳入贡茶。君山，为湖南岳阳县洞庭湖中岛屿。君山银针茶，香气清高，味醇甘爽，汤黄澄高，芽壮多毫，条真匀齐，着淡黄色茸毫。冲泡后，芽竖悬汤中冲升水面，徐徐下沉，再升再沉，三起三落，蔚成趣象。

（6）普洱茶

普洱茶，云南省特产，中国国家地理标志产品。普洱茶亦称滇青茶，距今已有1700多年的历史。普洱茶根据制作工艺的不同，分为普洱生茶、普洱熟茶两种。普洱生茶具有色泽墨绿、汤色黄亮、叶底肥嫩的特征，而普洱熟茶具有色泽红褐、汤色红浓、叶底柔软的特征。

（7）九江庐山云雾

中国著名绿茶之一。据载，庐山种茶始于晋朝。宋朝时，庐山茶被列为"贡茶"。庐山云雾茶色泽翠绿，香如幽兰，味浓醇鲜爽，芽叶肥嫩显白亮。庐山云雾茶不仅具有理想的生长环境以及优良的茶树品种，还具有精湛的采制技术。采回茶片后，薄摊于阴凉通风处，保持鲜叶纯净。然后，经过杀青、抖散、揉捻等9道工序才制成成品。

（8）信阳毛尖

信阳毛尖又称豫毛峰，属绿茶类，是中国十大名茶之一，也是河南省著名特产之一；其主要产地在信阳市浉河区（原信阳市）、平桥区（原信阳县）和罗山县。由汉族茶农创制。民国初年，因信阳茶区的五大茶社产出品质上乘的本山毛尖茶，被正式命名为"信阳毛尖"。

（9）安徽祁门红

在红遍全球的红茶中，祁红独树一帜，百年不衰，以其高香型著称。祁红，是祁门红茶的简称，为功夫红茶中的珍品。祁红生产条件极为优越，乃天时、地利、人勤、种良、得天独厚，所以祁门一带大多以茶为业，上下千年，始终不败。祁红功夫红茶一直保持着很高的声誉，芬芳常在，国际市场上称之为"祁门香"。

（10）六安瓜片

六安瓜片是著名绿茶，也是名茶中唯一以单片嫩叶炒制而成的产品，堪称一绝。产于安徽西部大别山茶区，其中以六安、金寨、霍山三县所产品质最佳，成茶呈瓜子形，因而得名"六安瓜片"，色翠绿，香清高，味甘鲜，耐冲泡。它最先源于金寨县的齐云山，而且也以齐云山所产瓜片茶品质最佳，故又名"齐云瓜片"。沏茶时雾气蒸腾，清香四溢，所以也有"齐云山雾瓜片"之称。

8.茶的饮用服务

（1）茶的饮用时间

茶的最佳饮用时间一般认为是进食后 0.5 ~ 1 h，茶叶中含有较多的鞣酸，若饭后马上饮茶，鞣酸可能会与食物中某些微量元素结合，影响吸收，时间一长可引起体内元素缺乏。

（2）特殊人群不宜多饮

处于特殊时期的人群应减少茶的饮用：①生理期：每个月生理期来临时，经血会消耗掉不少体内的铁质，若习惯喝浓茶的话，茶叶中鞣酸会妨碍铁吸收，大大降低铁质的吸收程度，易出现贫血的现象。②怀孕期：浓茶中咖啡碱会增加孕妇尿量，增加心跳次数，加重孕妇的心脏和肾脏的负荷，更可能会导致妊娠中毒。③哺乳期：茶中的咖啡碱可渗入乳汁并间接影响婴儿，对婴儿的身体健康不利。④更年期：正值更年期的妇女，除了头晕和浑身乏力，有时还会出现心跳加快、脾气不好、睡眠质量差等现象，若再喝太多茶会加重这些症状。⑤儿童：茶叶中的茶多酚易与食物中的铁发生作用，不利于铁的吸收，易引起儿童缺铁性贫血。

（3）空腹忌喝茶

空腹之时不要立即饮茶。因为茶叶中含有咖啡因等生物碱，空腹饮茶易使肠道吸收咖啡碱过多，从而会使某些人产生心慌、头昏、手脚无力、心神恍惚等症状。

（4）发烧忌喝茶

茶叶中咖啡碱不但能使人体体温升高，而且还会降低药效。

（5）肝脏病人忌饮茶

茶叶中的咖啡碱等物质绝大部分经肝脏代谢，若肝脏有病，饮茶过多超过肝脏代谢能力，就会有损于肝脏组织。

（6）神经衰弱慎饮茶

茶叶中的咖啡碱有兴奋神经中枢的作用，神经衰弱饮浓茶，尤其是下午和晚上，就会引起失眠，加重病情。

（7）酒后忌喝茶

很多人以为，茶可以解酒，其实它对人体伤害最大的就是酒后饮茶。茶水中的茶碱迅速地通过肾脏产生利尿作用；这样，酒精转化为乙醛后尚未来得及分解，便从肾脏排出。由于乙醛对肾脏有较大的刺激性，从而会造成对肾脏的损害。

四、配料

配料是指鸡尾酒调制中经常要使用的辅助材料。常见的配料如下：

杏仁露　　　　豆蔻粉　　　　芹菜粉　　　　红樱桃　　　　绿樱桃

香草

鸡尾洋葱

盐水去核黑油橄榄

辣椒酱

辣椒油

去核青橄榄

项目小结

　　本项目分为认识利口酒、认识开胃酒、认识甜食酒、认识软饮料与配料四项任务。通过调酒辅料的介绍，学生能充分认识到不同辅料对鸡尾酒主料带来的影响，有些可能是味道上的改良，有些可能是色彩上的增加，这就要求学生能掌握每一款辅料的自身特点、口味、色彩、寓意以及酒精度。只有通过不断的尝试，我们对辅料的使用才能做到心里有数、游刃有余。

⬢ 项目训练

○ 知识训练

知识拓展 2

一、简答题

1. 利口酒的种类有哪些？

2. 咖啡的营养成分有哪些？

3. 中国十大名茶有哪些？

二、思考题

1. 调酒配料的价值有哪些？

2. 茶文化和鸡尾酒文化能否有机结合？

○ 能力训练

1. 分组比赛，在十分钟内列出我们常用的苦艾酒、味美思、比特酒和茴香酒，列举多的，获胜。

2. 列出一份利口酒的购买清单，要求酒色是红色。

3. 列出一份利口酒的购买清单，要求口感是酸味。

项目三

走进鸡尾酒和调酒师的世界

》 项目目标

职业知识目标：

1. 掌握鸡尾酒的定义、鸡尾酒的结构、鸡尾酒的类型。

2. 熟悉鸡尾酒的来源、鸡尾酒的礼仪。

3. 了解调酒师的职业、调酒技能大赛。

职业能力目标：

1. 运用鸡尾酒的相关知识，来判断鸡尾酒的类型。

2. 详细讲解鸡尾酒的起源故事和熟练运用鸡尾酒的服务礼仪。

职业素质目标：

形成对调酒的兴趣，对调酒师职业和岗位的向往，为培养业务素质打下基础。

》 项目关键词

鸡尾酒　礼仪　时尚文化　调酒师　调酒比赛

【项目导入】

随着我国经济社会的发展和人们需求水平的提高，鸡尾酒越来越成为老百姓喜欢的一种时尚饮料。鸡尾酒是想象力的杰作。鸡尾酒的本性，已经决定了它必将是一种最受不得任何约束与桎梏的创造性事物。至于在未来的日子里究竟还有多少种鸡尾酒将会被研制出来，这个问题似乎也只是和人类自身的想象力有关。对照永远缺乏变化的现实生活来说，这样的一种美自然也就显得更加弥足珍贵了。同时，随着鸡尾酒的流行，调酒师也逐渐成为一门新兴、时髦、热门的职业。调酒师到底是怎样工作的，他需要具备哪些技能，需要具备哪些素质呢？

任务一　认识鸡尾酒定义、类型与结构

鸡尾酒认知

鸡尾酒已经走进了我们的生活，闲暇时间在酒吧喝点鸡尾酒，已经逐渐成为一种时尚。鸡尾酒的世界是非常多彩多姿的，在我们看来，总觉得它是那样微妙，不同的酒配搭起来，变换出那么多色彩，拥有那么多美丽动听的名字，其实鸡尾酒虽然千变万化，却有一定的公式化可循。

一、鸡尾酒的含义

鸡尾酒就是由两种或两种以上的酒或饮料、果汁、汽水混合而成，有一定的营养价值和欣赏价值的饮品。它以朗姆酒、琴酒、龙舌兰、伏特加、威士忌等烈酒或是葡萄酒作为基酒，再配以果汁、蛋清、苦精、牛奶、咖啡、可可、糖等其他辅助材料，加以搅拌或摇晃而成的一种饮料，最后还可用柠檬片、水果或薄荷叶作为装饰物。

今天，鸡尾酒已成为上流社会招待客人时最普遍的饮料，在规模较大的招待会上尤其如此。鸡尾酒酒精度通常为一二十度，清凉爽口，色泽艳丽，盛载考究。一般鸡尾酒都有开胃的作用，所以是一种餐前饮料。鸡尾酒会是一种气氛随意的社交场合，大家或坐或站，没有太多喝酒的礼仪。但鸡尾酒的调制是很讲究的，要配出一杯味醇色美的鸡尾酒是一门技术。现代鸡尾酒应有如下特点：

1. 花样繁多，调法各异

用于调酒的原料有很多类型，各鸡尾酒所用的配料种数也不相同，如两种、三种甚至五种以上。就算以流行的配料确定的鸡尾酒，各配料在分量上也会因地域不同、人的口味各异而有较大变化，从而冠用新的名称。

2. 具有刺激性

鸡尾酒具有明显的刺激性，能使饮用者兴奋，因此具有一定的酒精度。具有适当的酒精度，使饮用者紧张的神经缓和，肌肉放松，等等。

3. 能够增进食欲

鸡尾酒应是增进食欲的滋润剂。饮用后，由于酒中含有的微量调味饮料如酸味、苦味等饮料的作用，饮用者的口味应有所改善，绝不会因此而倒胃口、厌食。

4. 口味优于单体成分

鸡尾酒必须有卓越的口味，而且这种口味应该优于单体成分。品尝鸡尾酒时，舌头的味蕾应该充分扩张，才能尝到刺激的味道。如果过甜、过苦或过香，就会影响品尝风味的能力，降低酒的品质，是调酒时不允许的。

5. 色泽优美

鸡尾酒应具有细致、优雅、匀称、均一的色调。常规的鸡尾酒有澄清透明的或浑

浊的两种类型 。澄清型鸡尾酒应该是色泽透明，除极少量因鲜果带入固形物外，没有其他任何沉淀物。

6. 盛载考究

鸡尾酒应由式样新颖大方、颜色谐调得体、容积大小适当的载杯盛载。装饰品虽非必需，但是常有，它们会锦上添花，使鸡尾酒更有魅力。况且，某些装饰品本身也是调味料。

二、鸡尾酒的类型

（一）按饮用时间和场合

1. 餐前鸡尾酒

又称为餐前开胃鸡尾酒，主要是在餐前饮用，起生津开胃之妙用。这类鸡尾酒通常含糖分较少，口味或酸、或干烈，即使是甜型餐前鸡尾酒，口味也不是十分甜腻，常见的餐前鸡尾酒有马提尼、曼哈顿、各类酸酒等。

2. 餐后鸡尾酒

餐后鸡尾酒是餐后佐助甜品、帮助消化的。口味较甜且酒中使用较多的利口酒，尤其是香草类利口酒，这类利口酒中掺杂了诸多药材，饮后能化解食物淤结，促进消化，常见的餐后鸡尾酒有史丁格、亚历山大等。

3. 晚餐鸡尾酒

晚餐鸡尾酒是用晚餐时佐餐用的鸡尾酒。一般口味较辣，酒品色泽鲜艳，且非常注重酒品与菜肴口味的搭配，有些可以作为头盘、汤等的替代品。在一些较正规和高雅的用餐场合，通常以葡萄酒佐餐，而较少用鸡尾酒佐餐。

4. 派对鸡尾酒

这是在一些派对场合使用的鸡尾酒品。其特点是非常注重酒品的口味和色彩搭配，酒精含量一般较低。派对鸡尾酒既可以满足人们交际的需要，又可以烘托各种派对的气氛，很受年轻人的喜爱。常见的有特基拉日出、自由古巴、马颈等。

5. 夏日鸡尾酒

这类鸡尾酒清凉爽口，具有生津解渴之妙用，尤其是在热带地区或盛夏酷暑时饮用，味美怡神，香醇可口，如柯林类酒品、庄园宾治、长岛冰茶等。

（二）按容量和度数

1. 长饮

长饮（Long Drink）是用烈酒、果汁、汽水等混合调制，酒精含量较低的饮料，是一种较为温和的酒品，酒精度为 7 ~ 18 度。容量为 120 ~ 220 mL，放置 30 min 不会变味，因消费者可长时间饮用，故称为长饮。我们常见的长饮鸡尾酒有蓝色珊瑚礁、蓝色月亮、螺丝锥、夏威夷、麻将牌戏、蓝精灵、狗鼻等。

2. 短饮

短饮（Short Drink）是一种酒精含量高，分量较少的鸡尾酒，酒精度为 18 ~ 45 度，容量为 60 ~ 120 mL，饮用时通常可以一饮而尽，不必耗费太多的时间，一般饮用时间为 10 ~ 20 min。短饮类鸡尾酒中基酒比例通常在 50% 以上，高者可达 70% ~ 80%，因此酒精度很高。我们常见的短饮类鸡尾酒有亚历山大、威士忌酸、曼哈顿、黑色之吻等。

（三）按饮用温度

1. 冰镇鸡尾酒

加冰调制饮用。我们可以清楚地看到目前大多数经典鸡尾酒都属于这个类型。在很多国家，冷镇鸡尾酒永远是鸡尾酒中的第一选择。

2. 常温鸡尾酒

无须加冰调制，在常温下饮用。这类鸡尾酒数量不多。

3. 热饮鸡尾酒

调制时按照配方加热升温。热饮鸡尾酒饮用温度不宜超过 70 ℃，以免酒精挥发。冬天是热饮鸡尾酒销售的好时候。热饮鸡尾酒在冬天的酒吧里有很高的点单率。比如热鸡尾酒 Toddy，把威士忌、柠檬汁、蜂蜜搅拌均匀，最后加入热水，就是既温暖人心又风味绝佳的热鸡尾酒。点这一类酒的时候，你得适当加快你的饮用速度，因为酒凉了以后味道就变了。

（四）按鸡尾酒成品的状态

1. 瓶装鸡尾酒

如同单一酒品，生产商精选一些形状稳定的鸡尾酒配方调制装瓶而成，瓶装鸡尾酒开瓶后即可饮用，比如卡波纳鸡尾酒。

2. 调制鸡尾酒

根据一定的配方调制而成的鸡尾酒。

3. 冲调鸡尾酒（速溶鸡尾酒）

生产商将鸡尾酒的成分浓缩成可溶性的固体粉末，一小袋为一杯的分量，在杯中或摇酒壶中加入冰块、粉末，汽酒以及其他软饮料冲调而成，速溶鸡尾酒以水果风味的热带鸡尾酒较多。

（五）按照调制的基酒

①以金酒为基酒的鸡尾酒，如金菲斯、阿拉斯加、新加坡司令等。

②以威士忌为基酒的鸡尾酒，如老式鸡尾酒、罗伯罗伊、纽约等。

③以白兰地为基酒的鸡尾酒，如亚历山大、阿拉巴马、白兰地酸酒等。

④以朗姆酒为基酒的鸡尾酒，如百家地鸡尾酒、得其利、迈泰等。

⑤以伏特加酒为基酒的鸡尾酒，如黑俄罗斯、血腥玛丽、螺丝刀等。

⑥以朗姆酒为基酒的鸡尾酒，如自由古巴、莫吉托等。

⑦以我国白酒为基酒，如青草、梦幻洋河、干型马提尼等。

（六）按照综合分类法

所谓综合分类法是目前世界上最流行的一种分类方法，它将上千种鸡尾酒按照调制后成品的特色和调制材料的构成等诸多因素将鸡尾酒分成了30余类，主要介绍如下：

1. 霸克类

霸克类（Bucks）鸡尾酒是用烈酒加姜汽水、冰块，采用直接注入法调配而成，饰以柠檬，使用高杯。

2. 考伯乐类

考伯乐（Cobblers）是长饮类饮料，可用白兰地等烈性酒加橙皮甜酒或糖浆或摇或搅调制而成，再饰以水果。这类酒酒精含量较低，是公认的受人们喜爱的饮料，尤其是在酷热的天气中。

3. 柯林类

柯林（Collins）饮料是一种酒精含量较低的长饮类饮料，通常以威士忌、金酒等烈性酒，加柠檬汁、糖浆或苏打水兑和而成。

4. 奶油类

奶油类（Creams）鸡尾酒是以烈性酒加一至两种利口酒摇制而成，口味较甜，柔顺可口，餐后饮用效果颇佳，尤其深受女士们的青睐，如青草蜢、白兰地亚历山大等。

5. 杯饮类

杯饮类（Cups）鸡尾酒通常以烈性酒如白兰地等加橙皮甜酒、水果等调制而成，但目前以葡萄酒为基酒调制已成为时尚，该类酒一般用高脚杯或大杯装载。

6. 冷饮类

冷饮（Coolers）是一种清凉饮料，以烈酒兑和姜汽水或苏打水、石榴糖浆等调制而成，与柯林类饮料同属一类，但通常用一条切成螺旋状的果皮做装饰。

7. 克拉斯特类

克拉斯特（Crustar）是用各类烈性酒如金酒、朗姆酒、白兰地等加冰霜稀释而成，属于短饮类饮料。

8. 得其利类

得其利（Daiquris）属于酸酒类饮料，它主要是以朗姆酒为基酒，加上柠檬汁和糖配制而成的冰镇饮料，调成的酒品非常清新，需立即饮用，因为时间放长了它们容易分层。

9. 黛西类

黛西类（Daisy）鸡尾酒是以烈酒如金酒、威士忌、白兰地等为基酒，加糖浆、柠檬或苏打水等调制而成，属于酒精含量较高的短饮料鸡尾酒。

10. 蛋诺类

蛋诺酒（Egg Nogs）是一种酒精含量较少的长饮类饮料，通常是用烈性酒，威士忌、朗姆酒等加入牛奶、鸡蛋、糖、豆蔻粉等调制而成，装入高杯或异型鸡尾酒杯内饮用。

11. 菲克斯类

菲克斯（Fixes）是一种以烈性酒为基酒，加入柠檬、糖和水等兑和而成的长饮类饮料，常以高杯作载杯。

12. 菲斯类

菲斯（Fizz）是一种以烈性酒如金酒为基酒，加入蛋清、糖浆、苏打水等调配而成的长饮类饮料，因最后兑入苏打水时有一种"嘶嘶"的声音而得名。如金菲斯等。

13. 菲力普类

菲力普（Flips）通常以烈性酒如金酒、威士忌、白兰地、朗姆等为基酒，加糖浆、鸡蛋和豆蔻粉等调配而成，采用摇和的方法调制，以葡萄酒杯为载杯。如白兰地菲力普。

14. 弗来培类

弗来培（Frappes）是一种以烈性酒为基酒，加各类利口酒和碎冰调制而成的短饮类饮料，它也可以只用利口酒加碎冰调制，最常见的是以薄荷酒加碎冰。

15. 高杯类

高杯（Highball）饮料是一种最为常见的混合饮料，它通常是以烈性酒，如金酒、威士忌、伏特加、朗姆酒等为基酒，兑以苏打水、汤尼克水或姜汽水兑和而成，并以高杯作为载杯，因而得名。这是一类很受欢迎的清凉饮料。

16. 热托地

热托地（Hot Toddy）是一种热饮，它是以烈性酒如白兰地、朗姆酒为基酒，兑以糖浆和开水，并缀以丁香、柠檬皮等材料制成，适宜冬季饮用。

17. 热饮类

热饮（Hot Drinks）与热托地相同，同属于热饮类鸡尾酒，通常以烈性酒为基酒，以鸡蛋、糖、热牛奶等辅料调制而成，并采用带把杯为载杯，具有暖胃、滋养等功效。

18. 朱力普类

朱力普（Juleps）俗称薄荷酒，常以烈性酒如白兰地、朗姆酒等为基酒，加入刨冰、水、糖粉、薄荷叶等材料制成，并用糖圈杯口装饰。

19. 马提尼类

马提尼（Martini）是用金酒和味美思等材料调制而成的短饮类鸡尾酒，也是当今最流行的传统鸡尾酒，它分甜型、干型和中性三种，其中以干型马提尼最为流行，由金酒加干味美思调制而成，并以柠檬皮做装饰，酒液芳香，深受饮酒者喜爱。

20. 曼哈顿类

曼哈顿（Manhattan）与马提尼同属短饮类，是由黑麦威士忌加味美思调配而成。尤以甜曼哈顿最为著名，其名来自美国纽约哈德逊河口的曼哈顿岛，其配方经过了多次的变化演变至今已趋于简单，甜曼哈顿通常以樱桃装饰，干曼哈顿则用橄榄装饰。

21. 老式酒类

老式酒类（Old Fashioned）也称古典鸡尾酒，是一种传统的鸡尾酒，调制的原材料包括烈性酒，主要是波旁威士忌、白兰地等，加上糖、苦精、水及各种水果等采用直接注入法调制而成，采用正宗的老式杯装载酒品，故称为老式鸡尾酒。

22. 宾治类

宾治（Punch）是较大型的酒会必不可少的饮料，宾治有含酒精的，也有不含酒精的，即使含酒精，其酒精含量也很低。调制的主要材料是烈性酒、葡萄酒和各类果汁。宾治酒变化多端，具有浓、淡、香、甜、冷、热、滋养等特点，适合于各种场合饮用。

23. 彩虹类

普斯咖啡（Pousse Cafe）也称彩虹酒，它是以白兰地、利口酒、石榴糖浆等多种含糖量不同的材料按其比重不同依次兑入高脚甜酒杯中而成，制作工艺不复杂，但技术要求较高，尤其是要了解各种酒品的比重。

24. 瑞克类

瑞克（Rickeys）是一种以烈性酒为基酒，加入苏打水、青柠汁等调配而成的长饮类饮料，与柯林类饮料同类。

25. 珊格瑞类

珊格瑞类（Sangaree）饮料不仅可以用通常的烈性酒配制，而且还可以用葡萄酒和其他基酒配制，属于短饮类饮料。

26. 思迈斯类

思迈斯（Smashes）是朱力普中一种较淡的饮料，是用烈性酒、薄荷、糖等材料调制而成，加碎冰饮用。

27. 司令类

司令（Slings）是以烈性酒如金酒等为基酒，加入利口酒、果汁等调制，并兑以苏打水混合而成，这类饮料酒精含量较少，清凉爽口，很适宜在热带地区或夏季饮用，如新加坡司令等。

28. 酸酒类

酸酒（Sours）可分短饮酸酒和长饮酸酒两类，酸酒类饮料的基本材料是以烈性酒为基酒，如威士忌、金酒、白兰地等，以柠檬汁或青柠汁和适量糖粉为辅料。长饮类酸酒是兑以苏打水以降低酒品的酸度。酸酒通常以特制的酸酒杯为载杯，以柠檬块装饰，常见的酒品有威士忌酸酒、白兰地酸酒等。

29. 双料鸡尾酒类

双料鸡尾酒（Two-Liquor Drinks）是以一种烈性酒与另一种酒精饮料调配而成的鸡尾酒，这类鸡尾酒口味特点是偏甜，最初主要作餐后甜酒，但现在任何时候都可以饮用，著名的酒品有生锈钉、黑俄罗斯等。

30. 赞比类

赞比（Zombie）俗称蛇神酒，是一种以朗姆酒等为基酒，兑以果汁、水果、水等调制而成的长饮类饮料，其酒精含量一般较低。

此外，还有漂漂类（Float）、提神酒类（Pick-me-up）、斯威泽类（Swizzle）、无酒精类、赞明类（Zoom）等。

三、鸡尾酒的结构

鸡尾酒种类款式繁多，调制方法各异，但任何一款鸡尾酒的基本结构都有共同之处，即由基酒、辅料和装饰物三部分组成。

（一）基酒

基酒也称酒基、酒底，是构成鸡尾酒的主体，决定了鸡尾酒的酒品风格和特色。常用作鸡尾酒的基酒主要包括各类烈性酒，如金酒、白兰地、伏特加、威士忌、朗姆酒、特基拉酒、中国白酒等。葡萄酒、葡萄汽酒、配制酒等亦可作为鸡尾酒的基酒，无酒精的鸡尾酒则以软饮料调制而成。

（二）辅料

辅料是为鸡尾酒调味、调香、调色所需材料的总称。它们能与基酒充分混合，降低基酒的酒精含量，缓冲基酒强烈的刺激感。调味、调香、调色材料使鸡尾酒具有色、香、味等俱佳的艺术化特征，从而使鸡尾酒的世界更加瑰丽灿烂，风情万种。鸡尾酒辅料主要有以下几大类：

1. 碳酸类饮料

包括雪碧、可乐、七喜、苏打水、汤力水、干姜水、苹果西打等。

2. 果蔬汁

包括各种罐装、瓶装和现榨的各类果蔬汁，如橙汁、柠檬汁、青柠汁、苹果汁、西抽汁、芒果汁、西瓜汁、椰汁、菠萝汁、番茄汁、西芹汁、胡萝卜汁、混合果蔬汁等。

3. 水

包括凉开水、矿泉水、蒸馏水、纯净水等。

4. 提香增味材料

以各类利口酒为主，如蓝色的柑香酒、绿色的薄荷酒、黄色的香草利口酒、白色的奶油酒、咖啡色的甘露酒等。

5. 其他调配料

糖浆、砂糖、鸡蛋、盐、胡椒粉、美国辣椒汁、英国辣酱油、安哥斯特拉苦精、丁香、肉桂、豆蔻等香草料，巧克力粉、鲜奶油、牛奶、淡奶、椰浆等。

6. 冰

根据鸡尾酒的成品标准，调制时常见冰的形态有方冰（Cubes）、棱方冰（Counter

Cubes）、圆冰（Round Cubes）、薄片冰（Flake Ice）、碎冰（Crushed）、细冰（幼冰）（Cracked）。

（三）装饰物

鸡尾酒的装饰是鸡尾酒的重要组成部分。装饰物的巧妙运用，可有画龙点睛般的效果，使一杯平淡单调的鸡尾酒旋即鲜活生动起来。一杯经过精心装饰的鸡尾酒不仅能捕捉自然生机于杯盏之间，而且也可成为鸡尾酒典型的标志与象征。对于经典的鸡尾酒，其装饰物的构成和制作方法是约定俗成的，应保持原貌，不得随意篡改，而对创新的鸡尾酒，装饰物的修饰和雕琢则不受限制，调酒师可充分发挥想象力和创造力。对于不需作装饰的鸡尾酒品，加以装饰则是画蛇添足，会破坏酒品的意境。

鸡尾酒常用的装饰材料有：①冰块；②霜状饰物；③橘类饰物；④杂果饰物；⑤花、叶、香草、香料饰物；⑥人工装饰物。

任务二　认识鸡尾酒来源

鸡尾酒的来源

一、鸡尾酒的诞生

鸡尾酒诞生在具体哪一年，由谁发明的已经无法考证了。简单地说，鸡尾酒的出现几乎和酒的历史一样久远。鸡尾酒有着相当漫长的童年时期，从酒的诞生至公元 16 世纪末，历经数千年之久。人们酿造出了美酒，自然会想出多种多样的享用方法。鸡尾酒出现的内因也许是源自先人对当时酒品的不满，外因则可能是刹那间的灵光一闪。

鸡尾酒的历史可追溯到非洲古埃及时代。当时埃及人已会酿造啤酒，古代的酒，原始而又粗糙，喝起来非常难以入口，那是由于添加了草药和椰子等香料的缘故。于是有些埃及人通过在啤酒中添加蜂蜜或枣汁，使酒更加味美可口，这就是最早的鸡尾酒。

欧洲最早的鸡尾酒则起源于古希腊、古罗马时代。在那时，葡萄酒不仅是当时人们最喜爱的饮料，也是海上贸易的重要商品。船只在海上运送葡萄酒时，经常会遇到暴风雨的袭击，在狂风大浪里雨水海水渗进葡萄酒，当时的人饮用了掺水的葡萄酒后，反倒认为味道更甜美。另外，为了改善葡萄酒的品质及增加甜度，需添加糖分。而当时糖的产量极少，只有王公贵族才享用得起，平民百姓只能用自然界中易得的甜美果汁、蜂蜜作替代品，添加在葡萄酒中饮用并习以为常。这也算是鸡尾酒最早的雏形了。

早在 2 000 年前的先秦时代，人们已然洞察到酒的混合功能和保健功能，当时生活在长江流域的中国人，是已知世界上最早将酒冷却后饮用的人。湖北随州曾侯乙墓出土的大型冰酒器——冰鉴，便是当时的酒冷却器。唐代，人们就已经开始在酒中加奶饮用了，这算得上奶类鸡尾酒的鼻祖了。

在中世纪的欧洲，寒冬漫长难熬，所以，热饮鸡尾酒得以流行。同时，蒸馏酒在中世纪诞生并广为传播，因此混合饮料的家族中又多了一支生力军，蒸馏酒的使用，解决了鸡尾酒酒精度不高的问题。

尽管古代鸡尾酒一直在努力地发展，但是相对于其他酒类而言，古代鸡尾酒在酒类家族中依旧是毫不起眼的配角，故而鸡尾酒在古代连个名字都没有，真正出现鸡尾酒"cocktail"这个名字一直等到18世纪。1748年，美国出版"The Square Recipe"一书，书中的cocktail专指混合饮料。鸡尾酒终于有了自己专用的名字。当下，鸡尾酒经过200多年的发展，已不再是若干种酒及乙醇饮料的简单混合物。虽然鸡尾酒种类繁多，配方各异，但都是由各调酒师精心设计的佳作，其色、香、味兼备，盛载考究，装饰华丽。圆润、谐调的味觉外，观色、嗅香，更有享受、快慰之感。甚至其独特的载杯造型，简洁妥帖的装饰点缀，无一不充满诗情画意。

二、鸡尾酒的传说

（一）传说一

美国独立战争时期，纽约州埃尔姆斯福有一家用鸡尾羽毛作装饰的酒馆。一天，一次宴会过后，各种酒都快卖完了，席上剩下各种不同的酒，有的杯里剩下1/4，有的杯里剩下1/3，有的杯里剩下1/2。这时候，一些军官走进来要买酒喝。一位叫贝特西·弗拉纳根的女侍者，急中生智，便把所有剩酒统统倒在一个大容器里，并随手从一只大公鸡身上拔了一根毛把酒搅匀端出来奉客。军官们看看这酒的成色，品不出是什么酒的味道，就问贝特西，贝特西随口就答："这是鸡尾酒哇！"一位军官听了这个词，高兴得举杯祝酒，还喊了一声："鸡尾酒万岁！"从此便有了"鸡尾酒"之名。这是在美洲被认可的起源。

（二）传说二

1775年，移居于美国纽约阿连治的彼列斯哥，在闹市中心开了一家药店，制造各种精制酒卖给顾客。一天他把鸡蛋调到药酒中出售，获得一片赞许之声。从此顾客盈门，生意鼎盛。当时纽约阿连治的人多说法语，他们用法国口音称之为"科克车"，后来衍成英语"鸡尾"。从此，鸡尾酒便成为人们喜爱饮用的混合酒，花式也越来越多。

（三）传说三

19世纪，美国人克里福德在哈德逊河边经营一间酒店。克家有三件引以自豪的事，人称克氏三绝。一是他有一只膘肥体壮、气宇轩昂的大雄鸡，是斗鸡场上的名手；二是他的酒库据称拥有世界上最杰出的美酒；第三，他夸耀自己的女儿艾恩米莉是全市第一绝色佳人，似乎全世界也独一无二。市镇上有一个名叫阿金鲁思的年轻男子，每晚到这酒店悠闲一阵，他是哈德逊河往来货船的船员。年深月久，他和艾恩米莉坠入了爱河。这小伙子性情好，工作踏实，老克里打心里喜欢他，但又时常捉弄他说："小伙子，你想吃天鹅肉？给你个条件吧，你赶快努力当个船长。"小伙子很有恒心，努力学习、工作，几年后终于当上了船长，艾恩米莉自然也就成了他的太太。婚礼上，老头子很高兴，他把酒窖里最好的陈年佳酿全部拿出来，调和成"绝代美酒"，并在酒杯边饰以雄鸡尾羽，美丽至极。然后为女儿和顶呱呱的女婿干杯，并且高呼"鸡尾万岁！"自此，鸡尾酒便大行其道。

（四）传说四

相传美国独立时期，有一个名叫拜托斯的爱尔兰籍姑娘，在纽约附近开了一间酒店。1779 年，华盛顿军队中的一些美国官员和法国官员经常到这个酒店，饮用一种叫作"布来索"的混合兴奋饮料。但是，这些人不是平静地饮酒消闲，而是经常拿店主小姑娘开玩笑，把拜托斯比作一只小母鸡取乐。一天，小姑娘气愤极了，便想出一个主意教训他们。她从农民的鸡窝里找出一根雄鸡尾羽，插在"布来索"杯子中。送给军官们饮用，以诅咒这些公鸡尾巴似的男人。客人见状虽很惊讶，但无法理解，只觉得分外漂亮，因此有一个法国军官随口高声喊道"鸡尾万岁"。从此，加以雄鸡尾羽的"布来索"就变成了"鸡尾酒"，并且一直流传至今。

（五）传说五

传说许多年前，有一艘英国船停泊在犹加敦半岛的坎尔杰镇，船员们都到镇上的酒吧饮酒。酒吧楼台内有一个少年用树枝为海员搅拌制作混合酒。一位海员饮后，感到此酒香醇非同一般，是有生以来从未喝过的美酒。于是，他便走到少年身旁问道："这种酒叫什么名字？少年以为他问的是树枝的名称，便回答说："可拉捷卡杰。"这是一句西班牙语，即"鸡尾巴"的意思。少年原以树枝类似公鸡尾羽的形状戏谑作答，而船员却误以为是"鸡尾巴酒"。从此，"鸡尾酒"便成了混合酒的别名。

任务三　掌握鸡尾酒礼仪

社交活动中举办的各种鸡尾酒会、宴会、聚会、庆典等，都离不开酒。用鸡尾酒来招待客人，更是时尚和流行的待客方式。

说起酒吧，那里是鸡尾酒的舞台。健康优雅的酒吧，已成为现实生活中一道独特的风景线。上酒吧去喝一杯鸡尾酒，是典型的欧美式消遣。

鸡尾酒因含有酒精而特别容易使饮用者兴奋，这有助于增添聚会的热闹气氛。但一不留神，也会有失大雅。因此，讲礼仪很是必要。鸡尾酒的花色品种虽然数不胜数，但饮用鸡尾酒的基本礼仪是相同的。

一、点要鸡尾酒的礼仪

在酒吧点鸡尾酒，没有太多禁忌，图的是高兴，怎么惬意怎么来。酒单上有的鸡尾酒，只要饮用者喜欢，可以尽情点要。酒单上没有的鸡尾酒，想点的话应先征询酒吧调酒师的意见。酒吧经营者会以最大可能来满足顾客需求，但要知道鸡尾酒的数量犹如天上的繁星，不可胜数，强人所难是非常失礼的。

如果是参加正式的社交活动，主办方会通盘考虑并根据来宾的身份、地位、性别准备相应的鸡尾酒。一般男士们选用烈性酒调制的鸡尾酒，女士们则较喜欢选用低度酒调制成的鸡尾酒。鸡尾酒在这里只是增进人与人之间情谊的润滑剂，个人喜好是次要的。最恰当的语言是"给我来一杯鸡尾酒"。

二、调制鸡尾酒的礼仪

调制鸡尾酒时，调酒师要做到的礼仪：

①顾客点要的鸡尾酒，应该尽快送到顾客面前。

②调制鸡尾酒的过程，严格执行卫生标准，使顾客放心饮用。

③调好每一杯鸡尾酒。同一酒吧的鸡尾酒应保持相同的高品质，并以顾客喜爱和满意为标准。

④在酒吧为顾客调酒的过程中，应尽量突出调酒的娱乐性，使顾客身心放松。

⑤在调酒的过程中，展现鸡尾酒的艺术性和文化内涵。

⑥在力所能及的范围内调出顾客想要的鸡尾酒，尽最大可能满足顾客需求。实在无法满足的，说明缘由，争取顾客谅解。

三、鸡尾酒服务的礼仪

迎客鸡尾酒作为一次性大量调制的特饮，应在酒会前几分钟调好，在酒会开始后的第一时间送达每位顾客。

在宴会中供应鸡尾酒，上酒的顺序是先身份高者、年长者、远道而来者，然后顺时针给每位宾客恭敬奉上。

在酒吧，应按先来后到的顺序，给顾客上鸡尾酒。上酒时，随杯奉送顾客一片餐巾纸。当然，真诚的微笑或自信的手势也是少不了的。

四、鸡尾酒饮用礼仪

（一）敬酒

宴请中提议举杯的应该是主人。先是男主人，男主人不在时为女主人。宾客应按主人的意图行事，不要喧宾夺主。主人敬酒后，会饮酒的宾客应回敬。回敬酒时，被敬者开始饮酒后，敬酒人才能自饮，这与中国白酒先干为敬的做法刚好相反。

男士不应首先提议为女士干杯，晚辈、下级不宜首先提议为长辈、上级干杯。饮用鸡尾酒，不能干杯，碰杯后，轻啜饮一小口即可。

碰杯的顺序是首先由主人和主宾碰杯，而后主人一一与其他宾客碰杯。在规模较大，宾客较多的宴请中，主人只需要示意干杯而不必要逐一与来宾碰杯。无论是主人向宾客敬酒，还是客人之间彼此敬酒，都应保持正确的敬酒姿态，即从座位上站起，双腿站稳，上身挺直右手举起酒杯。

（二）姿势

正确的端杯方式：高脚杯用拇指、食指、中指握杯柄；矮脚大肚杯用手掌托住杯身；直筒杯用拇指、食指、中指捏住杯身靠近杯底处。喝酒时将酒杯端起，从欣赏酒的颜色开始，再闻一闻香气，然后倾斜杯身，将酒送入口中，轻啜一口，慢慢品味。喝鸡尾酒时不应让他人听到自己的吞咽声，更不应为了显示自己的酒量，举起酒杯看也不看便一饮而尽。

饮用鸡尾酒时，正式场合忌猜拳行令和吵闹，大多以聊助兴，饮酒前后要谈论一些愉快的、健康的话题，营造亲切、友好的饮酒气氛。在消遣娱乐场所，可以观看节目演出，谈天说地，做一些小游戏等以助酒兴。

（三）酒量

饮用鸡尾酒时提倡科学饮酒、健康饮酒、艺术饮酒。鉴于酒后容易失言或失礼，在正式社交场所主客双方都应严格控制酒量。切忌陶醉于美酒中忘乎所以，开怀畅饮。一般饮酒量以一杯最好，最多不宜超过平时酒量的一半。

（四）速度

饮用鸡尾酒时，客人一般不要先喝完，除非主人特别不胜酒力而关照客人尽情自饮。大多数鸡尾酒属于用高脚杯盛装的短饮鸡尾酒，容量小，不需花费太长时间即可饮用完，考虑到冷饮的效果，一般分 3 ~ 4 口，在 5 ~ 10 min 喝完为佳。与浅饮鸡尾酒相反，容量大的长饮鸡尾酒，适合消遣娱乐活动中饮用，可根据个人喜好，在认为可口的时候饮完。

（五）劝饮

一般不要向别人劝饮鸡尾酒，这与中国白酒的饮酒礼仪是完全不同的，尤其对于确实不会喝酒的人不宜劝酒。千万注意如果你是虔诚的、主张禁酒的宗教人士，大家齐干杯时，不要推让，即使不喝，也要将酒杯放在嘴边碰一下，以示礼貌。

（六）拒饮

在正式的社交活动中，不会喝酒或不打算喝酒的人，可以有礼貌地谢绝他人敬酒，方法有两种，第一种是主动要一些不含酒精的软饮类鸡尾酒，并说明自己不饮酒的原因；第二种是端着一杯鸡尾酒，只端不喝。在敬酒的过程中，不要东躲西藏，也不要将酒悄悄倒掉或吐在地上，更不要把酒杯倒扣在桌面上，这些都是失礼的举动。

五、鸡尾酒会上的礼仪

按时到会，不要用又凉又湿的手与人握手，应左手拿饮料，右手与人握手。要用左手拿餐点，若非得用右手拿餐点，用完餐点后随时用餐巾把手仔细擦干净。在鸡尾酒会上寻找人时，千万不要边和客人谈话边东张西望。不要拉住主人说起来没完没了。不要抢着和贵客谈话，使他人没有机会。不要在餐桌前长时间停留，影响他人选取食物。参加鸡尾酒会重在交际，不在吃喝。在酒会上，自己取酒水、点心、菜肴时，切记不要超标过量。取来的东西，必须全部吃完。扔掉或浪费，是不允许的。别霸占餐点桌，以致别的客人没机会接近食物。

花式调酒
（1瓶）

任务四　认识调酒师与调酒比赛

花式调酒
（1瓶1TIN）

花式调酒
（2瓶）

一、调酒师的概念

调酒师是一个非常帅气的职业，许多的年轻人都喜欢这种充满活力氛围的工作。在国内，调酒师随着酒吧行业的兴旺，渐渐成为热门的职业。在国内，已有上万人拿到人力资源和社会保障部颁发的"调酒师资格等级证书"。有关资料显示，北京、上海、青岛、深圳、广州等大城市，每年缺5 000名左右的调酒师。随着酒吧数量的大大增加，作为酒吧"灵魂"的调酒师的薪酬会水涨船高，基本工资＋服务费＋酒水提成将是未来我国调酒师的薪酬构成。咖啡馆、酒吧的老板们对高级的专业调酒师趋之若鹜，优秀调酒师的月薪已突破万元。

调酒师是指在酒吧或餐厅专门从事配制酒水、销售酒水，并让客人领略酒文化风情的人员，调酒师英语称为bartender或barman。酒吧调酒师的工作任务包括：酒吧清洁、酒吧摆设、调制酒水、酒水补充、应酬客人和日常管理等。作为一名调酒师要掌握各种酒的产地、物理特点、口感特性、制作工艺、品名以及饮用方法，并能够鉴定出酒的质量、年份等。此外，客人吃不同的甜品，需要搭配什么样的酒，也需要调酒师给出合理的推荐。

总的来说。调酒师是一种综合了多种职能的职业——拥有魔幻杂技般的调酒技巧、开朗的性格和热情的待客之道，必须具备较高的综合素质。

二、调酒师的职业素质

（一）基本职业要求

调酒师的基本职业要求包含身材、容貌、服装、仪表、风度等。

1. 身材与容貌

身材与容貌在服务工作中有着较重要的作用。在人际交往中，好的身材和容貌可使人产生舒适感，心理上产生亲切愉悦感。

2. 服饰与打扮

调酒师的服饰与穿着打扮，体现着不同酒吧的独特风格和精神面貌。服饰体现着个人仪表，影响着客人对整个服务过程的最初和最终印象。打扮是调酒师上岗之前自我修饰、完善仪表的一项必须工作。

3. 仪表

仪表即人的外表，注重仪表是调酒师一项基本素质。酒吧调酒师的仪表直接影响着客人对酒吧的感受，良好的仪表是对宾客的尊重。调酒师整洁、卫生、规范化的仪表，能烘托服务气氛，使客人心情舒畅。如果调酒师衣冠不整，必然给客人留下不好的印象。

4. 风度

风度是指人的言谈、举止、态度。一个人正确的站立姿势，雅致的步态、优美的动作、丰富的表情、甜美的笑貌以及服装打扮，都会涉及风度的雅俗。要使服务获得良好的效果和评价，就要使自己的仪表端庄、高雅，让自己的一举一动都符合美的要求。

（二）道德素质要求

提高调酒师的道德素质至关重要。没有良好道德素质的支持，专业知识与技能再娴熟也不能很好地服务他人。

1. 正直，诚实

缺乏这一要素，就无法尊重自己的职业，无法营建人际间的信任，也就无法成为一名贡献于自己企业的合格工作者。

2. 尊重他人

即尊重人性，尊重众生，不仰视权贵，不欺凌弱小。平等对待每一个人。给予人同样的尊重。

3. 持续努力，从不懈怠

不放纵自我，实现自律，勤奋工作，有持久的责任感，并注重体能付出与思维努力两个因素的结合。否则，依靠傻干而不动脑筋，是不可能帮助企业达到既定目标的。

4. 以原则为重

向下管理注重公平；对客人服务讲求品质；人际关系贵在诚信。这些都是一个人品格高尚的体现。在这一点上，没有人能达到绝对的高度，但经过不断提高，持续的锻炼，就可以达到相当的境界。

5.平等待客，以礼待人

酒吧服务的基础是尊重宾客。任何一位客人都有被尊重的需要，都要求得到以礼相待。

6.方便客人，优质服务

方便客人是酒吧经营和服务的基本出发点。一切为客人的方便着想，提供客人满意的服务，这不仅是高标准服务的标志，更是职业道德的试金石。

（三）专业素质要求

调酒师的专业素质是指调酒师的服务意识、专业知识及专业技能。

1.服务意识

调酒师的服务意识是高度的从事服务自觉性的表现，是树立"宾客就是上帝"思想的表现。服务意识应体现在：

①预测并解决或及时到位地解决客人遇到的问题。

②发生情况，按规范化的服务程序解决。

③遇到特殊情况，提供专门服务、超长服务，以满足客人的特殊需要 。

④不发生不该发生的事故。

2.专业知识

作为一名调酒师必须具备一定的专业知识才能准确、完善地服务于客人。一般来讲，调酒师应掌握的专业知识包括：

（1）酒水知识

掌握各种酒的产地、特点、制作工艺、名品及饮用方法，并能鉴别酒的质量、年份等。

（2）原料贮藏保管知识

了解原料的特性，以及酒吧原料的领用、保管使用、贮藏知识。

（3）设备、用具知识

掌握酒吧常用设备的使用要求，操作过程及保养方法，以及用具的使用、保管知识。

（4）酒具知识

掌握酒杯的种类、形状及使用要求、保管知识。

（5）营养卫生知识

了解饮料营养结构，酒水与菜肴的搭配以及饮料操作的卫生要求。

（6）安全防火知识

掌握安全操作规程，注意灭火器的使用范围及要领，掌握安全自救的方法。

（7）酒单知识

掌握酒单的结构，所用酒水的品种、类别以及酒单上酒水的调制方法，服务标准。

（8）酒谱知识

熟练掌握酒谱上每种原料用量标准、配制方法、用杯及调配程序。掌握酒水的定价原则和方法。

（9）习俗知识

掌握主要客源国的饮食习俗、宗教信仰和习惯等。

（10）英语知识

掌握酒吧饮料的英文名称、产地的英文名称，饮料的特点以及惯用酒吧常用英语、酒吧术语。

3. 专业技能

调酒师娴熟的专业技能不仅可以节省时间，使客人增加信任感和安全感，而且是一种无声的广告。熟练操作技能是快速服务的前提。专业技能的提高需要通过专业训练和自我锻炼来完成。

（1）设备、用具的操作使用技能

正确的使用设备和用具，掌握操作程序，不仅可以延长设备、用具的寿命，也是提高服务效率的保证。

（2）酒具的清洗及准备技能

掌握酒具的冲洗、清洗、消毒等。

（3）装饰物制作及准备技能

掌握装饰物的切分、薄厚、造型等方法。

（4）调酒技能

掌握调酒的动作、姿势等方法以保证酒水的质量和口味的一致。

（5）沟通技巧

善于发挥信息传递渠道的作用，进行准确、迅速的沟通。同时提高自己的口头和书面表达能力，善于与宾客沟通和交谈，能熟练处理客人的投诉。

（6）经营能力

有较强的经营意识，尤其是对价格、成本毛利和盈亏的分析计算，反应较快。

（7）解决问题的能力

要善于在错综复杂的矛盾中抓住主要矛盾，对紧急事件及宾客投诉有从容不迫的处理能力。

三、调酒师工作内容

（一）准备工作

1. 姿态的准备

作为调酒师来说，首先要有良好的站姿和步态。姿态是调酒师上岗以前必须培训和掌握的内容。姿态的准备包括站姿和步态。

2. 仪表的准备

调酒师每天十分频繁和密切地接触客人，他的仪表不仅反映个人的精神面貌，而且也代表了酒吧的形象，因此调酒师每日工作前必须对自己的形象进行整理。

3. 个人卫生的准备

调酒师的个人卫生是顾客健康的保障，也是顾客对酒吧信赖程度的标尺。一个调酒师要定期检查身体，以防止感染疾病。做好个人卫生，养成良好的卫生习惯是对调酒师的基本要求。

4. 酒吧卫生及设备检查

酒吧工作人员进入酒吧，首先要检查酒吧间的照明、空调系统工作是否正常；室内温度是否符合标准，空气中有无不良气味。地面、墙壁、窗户、桌椅要打扫、擦拭干净，接着应对前吧、后吧进行检查。吧台要擦亮，所有镜子、玻璃应光洁无尘；每天开业前应用湿毛巾擦拭一遍酒瓶；检查酒杯是否洁净无垢。操作台上酒瓶、酒杯及各种工具、用品是否齐全到位，冷藏设备工作是否正常。如使用饮料配出器，则应检查其压力是否符合标准，如不符合标准应做适当校正。然后，水池内应注满清水、洗涤槽内准备好洗杯刷、调配好消毒液，储冰槽内加足新鲜冰块。

5. 原料的准备

检查各种酒类饮料是否都达到了标准库存量，如有不足，应立即开出领料单去仓库或酒类贮藏室领取。然后检查并补充操作台的原料用酒、冷藏柜中的啤酒、白葡萄酒以及贮藏柜中的各种不需冷藏的酒类、酒吧纸巾、毛巾等原料物品。接着便应当准备各种饮料和装饰物，如打开樱桃和橄榄，切开柑橘、柠檬和青柠，整理好薄荷叶子，削好柠檬皮，准备好各种果汁、调料等。如果允许和必要的话，有些鸡尾酒的配料可以进行预先调制，如酸甜柠檬汁等。

（二）酒水饮品调制

酒吧工作人员在完成上述准备工作后，调酒师便可以正式开门迎客，接受客人订点的饮品。酒吧工作人员应掌握酒单上各种饮料的服务标准和要求，并谙熟相当数量的鸡尾酒和其他混合饮料的配制方法，这样才能做到胸有成竹，得心应手。但如果遇到宾客点要陌生的饮料，调酒师应该查阅酒谱，不应胡乱配制。调制饮料的基本原则：严格遵照酒谱要求，做到用料正确、用量精确、点缀装饰合理优美。

（三）吧台工作期间的服务

在整个酒吧服务过程中还需做到以下几点：

①配料、调酒、倒酒应当宾客面进行，目的是使宾客欣赏调酒技巧，同时也可使宾客放心，调酒师使用的饮料原料用量正确无误，操作符合卫生要求。

②把调好的饮料端送给宾客以后，应离开宾客，除非宾客直接与你交谈，否则不可随便插话。

③认真对待、礼貌处理宾客对饮料服务的意见或投诉。酒吧与其他任何服务场所一样，"宾客永远是正确的"，如果宾客对某种饮料不满意，应立即设法补救。

④任何时候都不准对宾客有不耐烦的语言、表情或动作，不要催促宾客点酒、饮酒。不能让宾客感到你在取笑他喝得太多或太少，调酒师仍应热情接待，不可冷落宾客。

⑤如果在上班时必须接电话，谈话应当轻声、简短。当有电话寻找宾客时，即使宾客在场也不可告诉对方宾客在此（特殊情况例外），而应该回答请等一下，然后让宾客自己决定是否接听电话。

⑥为了称量准确，应用量酒器量取所需基酒。

⑦用过的酒杯应在三格洗涤槽内洗刷消毒，然后倒置在沥水槽架上让其自然干燥，避免用手和毛巾接触酒杯内壁。

⑧除了掌握饮料的标准配方和调制方法外，还应注意宾客的习惯和爱好，如有特殊要求，应照宾客的意见调制。

⑨酒吧一般都免费供应一些佐酒小点，如咸饼干、花生米等，目的无非是刺激饮酒兴趣，增加饮料销售量。因此，工作人员应随时注意佐酒小点的消耗情况，以作及时补充。

⑩酒吧工作人员对宾客的态度应该友好、热情，不能随便应付。上班时间不准抽烟，不准喝酒，即使有宾客邀请喝酒，也应婉言谢绝。工作人员不可擅自对某些宾客给予额外照顾，当然也不能擅自为本店同事或同行免费提供饮料。同时，更不能克扣宾客的饮料。

（四）酒吧服务结束后的清理工作

服务结束后的工作是打扫酒吧卫生和清理用具。将客人用过的杯具清洗后按要求贮放；桌椅和工作台表面要清扫干净；搅拌器、果汁机等容器应清洗干净。所有的容器要洗净并擦亮，容易腐烂变质的食品和饮料要妥善贮藏；水壶和冰桶洗净后朝下放好；烟灰缸、咖啡壶、咖啡炉和牛奶容器等应洗干净，鲜花应贮藏在冰箱中。电和煤气的开关应关好；剩余的火柴、牙签和一次性消费的餐巾，还有碟、盘和其他餐具等消费物品应贮藏好。为了安全，酒吧贮藏室、冷柜、冰箱及后吧柜等都要上锁。酒吧中比较繁重的清扫工作（包括地板的打扫，墙壁、窗户的清扫和垃圾的清理）应在营业结束后至下次开业前安排专门人员负责。

四、调酒师的必备条件

（一）领悟能力

调酒师有时需要根据顾客的个性要求"量身定做"产品，没有基本的领悟力就无法准确把握顾客的需求。

（二）外语交流能力

鸡尾酒的原料很多是洋酒，调酒师必须能够看懂酒标，如果对英文一无所知，则会无从下手。而且，酒吧经常会接待外国客人，调酒师要能用英语同外国客人交流。

（三）仪表展示能力

调酒师不同于一些幕后行业，他们经常要和顾客面对面交流，良好的外在形象是打开与顾客对话的一扇窗口。调酒师形象首先要清爽。职业资格考核中规定：调酒师不能戴首饰，留长指甲等。男调酒师最好不要留长发，女调酒师要仪容端庄。否则，好的酒吧肯定不会录用。同时，在与客人交流时既要亲切，消除客人的陌生感，又不能过度，因为调酒师代表的是企业形象。

（四）灵活协调能力

调酒师的职业特点要求他们手指、手臂比较灵活，动作协调，对于颜色、气味和味道比较敏感。

五、调酒师的类型

（一）英式调酒师

英式调酒师主要是工作在星级酒店或古典型酒吧的调酒师。英式调酒师很绅士，调制酒的过程文雅、规范，调酒师通常穿着英式马甲，调酒过程配以古典音乐。英式调酒师对酒品的掌握程度直接决定工作的开展。目前我国国内政府主导的调酒师考证针对的是英式调酒师。

（二）花式调酒师

花式调酒师是指能使用花式动作来完成鸡尾酒调制的调酒师。花式调酒最早起源于美国的星期五餐厅（Friday），在20世纪80年代开始盛行欧美各国，在传统的调酒过程中加入一些音乐、舞蹈、杂技等光幻陆离的特技，无疑为喝酒本身这件事增色不少。花式调酒的特点是在传统的调酒过程中加入一些花样的动作，集音乐、舞蹈、杂技于一体。花式调酒给酒文化注入了时尚风景，起到活跃酒吧气氛、提高娱乐性、融洽与客人关系的作用。花式调酒更适合年轻、身体柔韧性比较好的人学习，到了25岁以上再学习，难度就比较大了。

花式调酒常用的基础动作：正抛（正接、反接）；单手侧抛；左右侧抛；左右胯下抛瓶；跨下单手抛瓶正反接；手背上下翻瓶；手掌转瓶（正、反转）；背后接瓶；滑瓶后抛左右手；头顶接；身体侧抛背后接；跨脚丢头接；转身绕头顶翻瓶；杯瓶交换方式；正抛套瓶；侧抛套瓶；后抛套瓶；跨脚套瓶；滑瓶套瓶；背后套瓶；背后二圈套瓶等。

英式调酒师与花式调酒师的区别如下：

区　别	花式调酒师	英式调酒师
调酒用具	花式调酒有着自己的特有调酒用具。如酒嘴、美式调酒壶、果汁桶等用具。不仅用来做调酒表演，也使工作效率大大提高。	英式调酒使用传统用具。使用的用具一般不轻易改变。
调酒技巧	花式调酒师不仅需要掌握多种调酒技法，还要掌握自由式倒酒，以及如何在最短的时间内调制尽可能多的调制成品等。	英式调酒一般使用五种调制方法，按规定的方式进行调酒，要做到一丝不苟。英式调酒服务方式中规中矩、文雅待客。
创新精神	花式调酒师会不断探索创新出高质量的酒水和新奇的花式动作。	英式调酒的鸡尾酒调制要求尊重酒单，严格按照酒单开展调制活动。

六、调酒师的等级

原来我国的调酒师资格认证分为五个等级：初级调酒师（职业等级 5 级）、中级调酒师（职业等级 4 级）、高级调酒师（职业等级 3 级）、技师调酒师（职业等级 2 级）、高级技师调酒师（职业等级 1 级）。2016 年 11 月，国家取消了调酒师资格认证考试。现在国内只有人力资源和社会保障部推出的"鸡尾酒及饮品调制专项能力证书"。

七、调酒师的礼仪要求

（一）调酒师仪容仪表要求

仪容仪表包括人的容貌、身材、姿态、修饰、服饰等。作为一名优秀的酒吧调酒师拥有好的仪容仪表是一项必备素质。在酒吧服务中，调酒师与客人之间进行面对面的交流，了解客人需求。调酒师的仪容仪表会给客人留下深刻的第一印象。所以，调酒师在仪容仪表方面应做出严格的要求。

1. 面部

调酒师的面部修饰以恬静素雅为主。男性不能留胡须或是大鬓角。口腔不能有异味，不要用味道强烈的香水。在为客人调酒时，面部表情要平和放松，面带微笑。

2. 发型

调酒师首先要做到头发整洁、无异味，不能染发、烫发。男性调酒师的头发要做到"三不"，即前不及眉，侧不遮耳，后不及领，多以短发为主。女性调酒师的发型应具有清新、自然的特点，女性调酒师最好做盘发处理，避免长发影响调酒操作。

3. 手部

作为调酒师，拥有一双灵巧的手是非常必要的，并随时保持清洁、干净。指甲需经常修剪，不留长指甲，不涂有色指甲油，不能佩戴饰品。唯一可佩戴的是结婚戒指。

4. 着装

作为调酒师，着装是非常重要的。要求调酒师服装干净、整洁，不能穿奇装异服，一些特色主题酒吧除外。上岗前要细心反复检查制服上是否有酒渍、油渍、酒味，扣子是否有漏缝和破边。男性调酒师一般以衬衣套马甲加领带或领结为主，也可着衬衣打领带或领结。女性调酒师可与男性调酒师一致。不可以穿T恤。不能穿戴多余装饰物品。皮鞋擦得干净、光亮无破损。男员工袜子的颜色应跟鞋子的颜色和谐。以黑色最为普遍。女员工应穿与肤色相近的丝袜，袜口不要露在裤子或裙子外边。工号牌端正地佩戴在左胸上方。

（二）调酒师仪态的基本要求

正确的站姿、坐姿、走姿是调酒师为客人提供良好服务的重要基础，也是使客人在品酒的同时得到感官享受的重要方面。因此保持良好的仪态显得非常的重要。

1. 站姿

站立时应精神饱满，身体有向上之感，能体现调酒师的整体美感，给客人带来美的感受。女性调酒师站立时，双脚呈"V"字形，两脚尖开度为50°左右，膝和脚后跟要靠紧。男性调酒师双脚叉开的宽度窄于双肩，双手可交叉放在背后。

2. 坐姿

为客人调酒是调酒师的主要工作，如果坐姿不正确会显得很失礼，因此良好的坐姿也很重要。平时双手不操作时可平放于操作台上，坐于吧凳上。给人以大方、自然、端庄、亲切的感觉，静待客人点取酒水。

3. 走姿

调酒师在工作时经常处于行走的状态中，特别是在为客人递送所点酒水时，一定要有良好的行走姿势，否则不但服务会大打折扣，而且易洒落客人所点酒水。因此正确的走姿也很重要。

4. 适当的手势

在夜场服务接待工作时，手势运用要规范适度。与客人谈话时，手势不宜过多，动作不宜过大。正确要领：手指自然并拢，掌心向上，以肘关节为支点，指示目标，切忌伸出食指来指点。

八、调酒师考试

在中国，目前只有中华人民共和国人力资源和社会保障部颁发的调酒师职业资格证书才是最权威的。花式调酒师没有国家认证的资格证书。2016年，我国政府取消了调酒师职业资格的考试。2019年，我国人力资源和社会保障部推出了针对调酒师培养的专项职业能力证书《鸡尾酒及饮品调制》。该证书的推出适应了市场对调酒师人才培养的新需求。该能力证书目前没有具体的等级。通常企事业单位把该能力证书等同于以往的中级调酒师证书。

九、调酒技能大赛

目前国内各类调酒比赛很多。主办方主要有四类：一是院校主办的，比如全国旅游院校饭店技能大赛调酒项目。二是酒店行业主办的，比如山东旅游饭店行业服务技能大赛调酒项目；三是政府主办的，比如2014"王朝杯"天津市调酒师大赛。四是酒业巨头举办的，比如百加得传世全球鸡尾酒大赛。由于主办方的不同，所以社会认可度也各不相同。

目前，由国际调酒师协会（International Bartenders Association，IBA）主办的世界杯传统及花式调酒大赛，被公认为全球最具专业性、权威性和影响力的调酒师大赛。国际调酒师协会（IBA）是调酒行业唯一的全球性国际组织，自1974年以来，该协会每年在世界范围内举办世界杯国际调酒锦标赛（World Cocktail Championship，WCC），是全球最为权威的国际赛事。我国于2010年由中国酒类流通协会调酒师专业委员会（Association Bartenders of China，ABC）作为中国唯一代表正式加入了IBA，并于2011起，每年的IBA亚太杯与IBA年会及世界杯传统及花式调酒大赛，ABC得以唯一指定和有资格派遣代表参加传统及花式调酒比赛。

项目小结

本项目分为鸡尾酒定义、类型与结构，鸡尾酒来源，鸡尾酒礼仪，调酒师与调酒比赛四项任务，通过对鸡尾酒概念、类型和结构的学习，掌握鸡尾酒的基本知识，同时通过鸡尾酒来源、礼仪，了解鸡尾酒的魅力所在。最后通过调酒师职业、岗位和调酒比赛的介绍，让同学们对调酒的世界充满憧憬和期待。

● 项目训练

〇知识训练

一、简答题

1.鸡尾酒的类型有哪些？

2.调酒师的礼仪要求有哪些？

3.鸡尾酒的传说故事有哪些？

知识拓展3

二、思考题

1.调酒师的必备条件是什么？

2.鸡尾酒有哪些魅力？

○ 能力训练

1.按本节课所讲的基本要求进行自我检查，并将检查结果填到表内（请将不合格内容填于备注栏内）。

检查内容	合　格	不合格	备　注
面部			
发型			
手部			

2.随机分组并自命小组名进行各种服务仪态的练习，再以情景再现的方式进行成果展示、评比。请将你的真实感受填到下面的表格中。

小组名	站姿展示	坐姿展示	走姿展示

项目四

学会使用调酒工具和调酒方法

》 项目目标

职业知识目标：

1. 了解调酒所需要的工具种类，掌握常用的调酒工具的识别。

2. 熟悉调酒的各种计量单位，掌握五种常见鸡尾酒的调制方法。

职业能力目标：

1. 能熟练使用古典摇酒壶和波士顿摇酒壶。

2. 熟练掌握五种不同的调酒方法。

3. 能准确度量调酒材料的用量。

职业素质目标：

形成在调酒工具、调酒方法方面的业务素质，增强对调酒工具的喜爱，养成踏实爱学的精神。

》 项目关键词

调酒工具　计量　调酒方法

【项目导入】

调酒为人们提供了视觉、嗅觉、味觉、肉体和精神等方面的享受。调酒是一门技术，也是一门艺术。它是技术与艺术的结晶，是一项专业性很强的工作。作为一名调酒师就是要用正确的方法、正确的工具、标准的配方调制出一杯杯令人心仪的、完美的鸡尾酒。

任务一 识别和使用调酒工具

调酒工具
的识别

一、摇酒器

摇酒器（Shaker）也称摇酒壶，可分为古典摇酒器和现代波士顿摇酒器。

（一）古典摇酒器

古典摇酒器（Standard Shaker）也称日式、英式、老式或三段式摇酒壶，主要由壶身、过滤器、壶盖三部分组成，可以是全金属的，也可以部分或全部是玻璃的，分为 250 mL、350 mL、550 mL、750 mL。使用方法主要有单手摇（250～350 mL）和双手摇（500 mL 以上的）。主要缺点是制作速度慢、开盖困难、清洗不便。目前此种调酒壶主要用来调制经典鸡尾酒。对于家庭酒吧而言，这种摇酒器比较适合。

古典摇酒器

1.双手使用

右手大拇指按住顶盖，用中指和无名指夹住摇酒壶，食指按住壶身。再用左手中指、无名指按住壶底，食指和小拇指夹住摇酒壶，大拇指压过过滤盖。习惯用左手的人握壶时正好相反。这时还要注意手掌不要和摇酒壶贴紧，以免热量传递使冰块融化得太快。

2.单手使用

食指按住壶盖，拇指和其余三指捏住壶身，手心不能触碰壶身，以手臂方向为轴使摇酒壶发生左右摇动，同时需上下摇动；不论是单手还是双手，摇动到接触摇酒壶的指尖发冷，壶身表面出现白霜的时候就足够了。

（二）现代波士顿摇酒器

现代波士顿摇酒器（Boston Shaker）也称美式或花式调酒壶。为两件式，一方为玻璃摇酒杯，一方为不锈钢摇酒杯即金属壶身，也叫"听"（Tin），使用时两座一合即可。主要优点是速度快、使用简单、有效。此种设计便于调酒表演，可直接通过玻璃杯看到酒液混合的过程，容量较大，且一般只有一种型号，用于花式法调制鸡尾酒，故也称花式调酒壶。当需要快速制作大量鸡尾酒时，一般都使用波士顿摇酒壶。世界上大多数酒吧都使用该摇酒壶。

**现代波士顿
摇酒器**

适合双手使用，下方为玻璃摇酒杯，上方为不锈钢上座，使用时两座一合即可。根据配方，材料放在玻璃摇酒杯里，上下摇动，玻璃摇酒杯在下，摇动到接触摇酒壶的指尖发冷，壶身表面出现白霜的时候就足够了。打开摇酒壶时，需要颠倒玻璃杯和金属杯，使金属杯位于下方，并用力侧敲玻璃杯。最后，把金属杯中的鸡尾酒过滤后倒入准备好的载杯中。

二、量酒器

量酒器（Jigger）由不锈钢制成，形状为窄端相连的两个漏斗形用具，容量一大一小，虽然相互连接却互不相通。每个量酒器两头均可使用，有 0.5 ~ 1 oz、1 ~ 1.5 oz、1.5 ~ 2 oz 三种组合，主要是为了满足调酒师制作鸡尾酒时准确用料的要求。

用左手中指、食指和无名指夹起量杯。用这样的方法拿住量酒器时，调酒师的两手还能做别的动作（如取瓶塞、盖瓶盖等），并保证鸡尾酒调制动作流畅，充满美感。

三、吧匙

吧匙（Bar Spoon）由不锈钢制成，一端为匙，另一端为叉，中间部位呈螺旋状，有大、中、小三个型号，它通常用于制作分层鸡尾酒，以及一些需要用搅拌法制作的鸡尾酒和取放装饰物时使用。

握住吧匙的螺旋状部分进行搅动。用惯用的那只手的中指和无名指夹住吧匙的螺旋状部分，用拇指和食指握住吧匙的上部。搅动时，用拇指和中指轻轻地扶住吧匙，以免吧匙倾倒，用中指指腹和无名指背部按顺时针方向转动吧匙。向调酒杯里放入吧匙或取出吧匙的时候，应使吧匙背面朝上；搅拌的时候，应保持吧匙背面朝着调酒杯外侧，以免吧匙碰着冰块。搅动的次数以 7 ~ 8 次为标准，这时还应注意手腕处的节奏。搅动结束后，使吧匙背面朝上轻轻取出来。

四、鸡尾酒签

鸡尾酒签（Cocktail Pick）是由塑料或不锈钢制成的细短签，颜色、款式可随意定制。五颜六色的鸡尾酒签在用来穿插鸡尾酒装饰物的同时，也给鸡尾酒添色不少。根据鸡尾酒签的质地，经营者可自行决定是否把它作为一次性用品。

量酒器

吧匙

鸡尾酒签

五、吸管

吸管（Straw）用塑料制成，单色或多色可随意定制，除客人用于喝饮料外，还起到了一定的装饰作用，为一次性低值易耗品。

六、杯垫

杯垫（Coaster）可选用硬纸、硬塑料、胶皮、布等材料制成，有圆形、方形、三角形等多种形状。除垫杯子、吸水之用以外还有宣传之用，各酒水厂商或酒吧可将自己的标识图案印刷于上，能在客人整个消费过程中起到宣传作用，以便加深客人的印象。一般可重复多次使用。

七、开瓶器

开瓶器（Bottle Opener）由不锈钢制成，造型、颜色多种多样。通常一端为扁形钢片，一端为镂空钢圆，用于开启瓶装啤酒。

八、海马刀

海马刀（Waiter's Friend）是一个让人惊叹不已的设计，自西班牙人发明后，它的跟风者众多，却没有一个能够超越它，因此号称"开瓶器之王"。海马刀两级支点能更方便而且更省力地开好一瓶葡萄酒。选用优质不锈钢和中碳钢制成，由啤酒开（开啤酒和拔木塞时作为支点）、螺丝钻和带锯齿小刀三个主要部分组成，美观轻便。

九、调酒杯

调酒杯（Mixing Glass）一般由玻璃制成，杯壁较厚，杯身较大，成本较高，较容易破损，用于调制混合鸡尾酒，现在也有不锈钢的调酒杯，造型没有变，只是材料不同。

吸管

杯垫

开瓶器

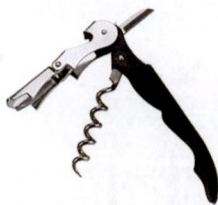
海马刀

调酒杯

十、滤冰器

滤冰器（Strainer）由不锈钢制成，器具呈扁平状，上面均匀排列着滤水孔，边缘围有弹簧。它主要用于在制作鸡尾酒时截留住冰块，通常与调酒杯配合使用。如果使用波士顿调酒壶调制鸡尾酒，当需要将调酒杯中调制好的鸡尾酒倒入酒杯时，调酒杯内的冰块往往会随酒液一起滑落酒杯中，滤冰器就是防止冰块滑落的专用器皿。

十一、练习瓶

练习瓶（Practice Bottle）主要提供给调酒师练习花式调酒动作使用。有些酒吧还有夜光表演瓶，用于在昏暗的灯光下表演花式调酒。

十二、冰夹

冰夹（Ice Tong）由不锈钢或塑料制成，夹冰部位呈齿状，有利于冰块的夹取。除夹冰块外，也可夹取水果。

滤冰器　　　　　　　　　　练习瓶　　　　　　　　　　冰夹

十三、冰桶

冰桶（Ice Bucket）由不锈钢或玻璃制成，桶口边缘有两个对称把手，由不锈钢制成的冰桶多呈原色和镀金色两种。主要用于放冰块、温烫米酒和中国白酒。玻璃制成的冰桶体积较小，用于盛放少量冰块，满足客人不断加冰的需要。

十四、冰铲

冰铲（Ice Container）由不锈钢和塑料两种制成，用于从制冰机或冰桶内勺取冰块，每次取用量比较多。目前有 24 oz 和 12 oz 等规格。

十五、葡萄酒冰桶

葡萄酒冰桶（Wine Ice Bucket）由不锈钢制成，可分为桶和桶架两部分，桶身较大，主要用于冰镇白葡萄酒、玫瑰红葡萄酒、香槟酒和汽酒，配上桶架置于客人桌旁，确保酒液的温度始终不会升高。

冰桶

冰铲

葡萄酒冰桶

十六、砧板

砧板（Cutting Board）由有机塑料制成，用于制作果盘和鸡尾酒装饰物时使用，防止刀子破坏工作台面。

十七、酒吧刀

酒吧刀（Bar Knife）一般由不锈钢制作，体积小。酒吧常用的酒吧刀刀口锋利，这主要是为了提高制作装饰物的速度和美观度。

十八、酒嘴

酒嘴（Pour Spot）有不锈钢和塑料两种，出酒口向外插入瓶口即可使用。酒嘴是专门为花式调酒设计的，目的是使调酒表演更加连贯、顺畅。

十九、香槟塞

常见的香槟塞（Champagne Bottle Shutter）有不锈钢和塑料两种。由于大多数香槟容量较大，且价格也相对较贵，所以为便于打开后剩余酒液的储存，设计了此类瓶塞，解决了原装塞打开后不能插回的问题。

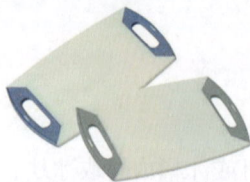

砧板

酒吧刀

酒嘴

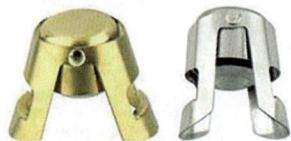

香槟塞

二十、柠檬压榨器

柠檬压榨器（Lemon Squeezer）用不锈钢制成。有很多鸡尾酒都需要新鲜的柠檬汁做原料，单一的瓶装柠檬汁已不能满足要求，所以发明了柠檬压榨器。

二十一、宾治盆

宾治盆（Punch Bowl）有玻璃和不锈钢两种，是用来调治和盛放量大的混合饮料的，宾治盆容量有大有小，一般还配有宾治杯和勺。

二十二、漏斗

漏斗（Funnel）是用来将酒液或饮料从一个容器倒入至另一个容器时的工具，为的是快捷、准确、无浪费。为了保证酒气味及口味的纯正，酒吧用漏斗多使用不锈钢质地。

二十三、口布

口布（Towel）是用来擦拭杯子的清洁用布，以吸水性强的棉质材料为佳。

| 柠檬压榨器 | 宾治盆 | 漏斗 | 口布 |

二十四、酒吧垫

酒吧垫（Bar Mats）主要在操作台使用，用于放杯子或调酒用具等。吧垫上面有小格，由于刚洗过的杯子还有水，如果直接放在吧台上会有水渍，所以放在吧垫上，吧垫上的小格子会保存一定的水。

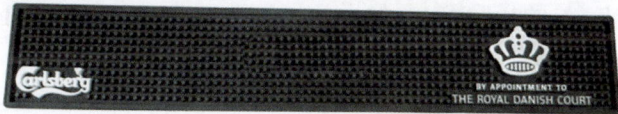

酒吧垫

二十五、不锈钢手动榨汁机

使用不锈钢手动榨汁机（Manual Squeezer）时，先将水果如橙、柠檬、西柚等切成两半，再放入榨汁机的果盘内，轻松摇下手柄，新鲜果汁立等可取，可保持果汁原汁原味。该机器清洗方便，渣汁分离，榨汁效果好。

二十六、红酒倒酒器

红酒倒酒器（Disk Pourer）也称导酒器（引流器）。在倒红酒的过程中，倒酒器的作用是可以有效地防止红酒在倒酒过程中洒出来，还能起到醒酒的作用。有了它我们就可以很容易将美酒很优雅地倒入酒杯中，即便您没有倒过酒，也不会将美酒洒落到酒杯外面。

不锈钢手动榨汁机

红酒倒酒器

任务二　看懂调酒计量，学会调酒方法

调酒的计量
和调酒方法

一、量酒器和吧匙

鸡尾酒调制法中的计量方式多以毫升（mL）或者分数来表示，此时需要使用量酒器来量度。而如果是以吧匙（Bar Spoon）为单位标记的，则应该用吧匙来计量。

另外，分数的表示方法是将成品的总容量看成 1 来计算。如果是 1/2，意思就是最后调制出来的产品的一半，而不是杯子的一半。

以三角鸡尾酒杯为例，总容量是 90 mL，但鸡尾酒只会倒入八分满，所以适当的鸡尾酒量是 72 mL。还要设定冰块融化量是 10 mL，扣掉这 10 mL 后的量是 62 mL。计算的时候，就把这 62 mL 的量看成 1。如果是"金酒 1/2"，就是倒入 31 mL 的金酒。

二、常用的调酒单位换算

英文单位	中文单位
1 ounce（oz）≈ 28 mL	1 美液盎司约等于 28 毫升
1 tsp（bsp）=1/8 oz	1 茶匙（吧匙）等于 1/8 美液盎司
1 tbsp=3/8 oz	1 餐匙等于 3/8 美液盎司
1 jigger=1.5 oz	1 吉格等于 1.5 美液盎司
1 split=6 oz	1 司普力等于 6 美液盎司
1 miniature=2 oz	1 明尼托等于 2 美液盎司

英文单位	中文单位
1 pint=16 oz	1 美液品脱等于 16 美液盎司
1 quart=32 oz	1 美液夸脱等于 32 美液盎司
1 gallon=128 oz	1 美加仑等于 128 美液盎司
1 imperial quart=38.4 oz	1 大夸脱等于 38.4 美液盎司
1 drop ≈ 0.1 ~ 0.2 mL	1 滴约等于 0.1 ~ 0.2 毫升
1 dash ≈ 0.6 mL	1 打石大约为 0.6 毫升

备注：dash 是苦精的单位量词，1 dash 是指倒转瓶口上下抖振一次的量。根据 Angostura 1954 年的《专业调酒指南》指出 1 dash 约 1/6 茶匙，换算下来约等于 0.6 mL。

三、调酒的方法

鸡尾酒的制作方法基本上分为五种，分别是摇和法（Shake）、调和法（Stir）、兑和法（Build）、漂浮法（Float）、搅和法（Blend），下面就向大家介绍鸡尾酒的五种基本调制方法。

（一）摇和法

摇和法的用具是摇酒壶。

通过手臂的摇动来完成各种材料的混合。一般来讲，由不易相互混合的材料（如果汁、奶油、生鸡蛋、糖浆等）构成的鸡尾酒，使用摇和法来调制。"快速"是其要点，从而避免冰块融化得太多而冲淡酒味。"双恰"是对"摇和法"的要求，即通过调酒师恰当地操作，使各种材料的混合恰到好处。

（二）调和法

调和法的用具是调酒杯、滤冰器、吧匙。

一般来讲，由易于混合的材料（如各种烈酒、利口酒等）构成的鸡尾酒，用调和法来调制。冰片或方冰块是使用调和法的最佳用冰形式。

（三）兑和法

兑和法的用具是跟鸡尾酒搭配的固定载杯。

这种调酒方法，是将所要混合的主、辅料直接倒入载杯中。如大家非常熟悉的长饮酒金汤力、哈维撞墙等。

（四）漂浮法

漂浮法的用具是利口酒杯。

漂浮法即直接将配料依次倒入杯中，由于配料的密度不同，因此能够看到鸡尾酒的分层。大多数情况下，用漂浮法调制的鸡尾酒都会配有一根搅棒，顾客可以自由选择是按层次品尝或是将其搅匀后品尝。

（五）搅和法

搅和法的用具是电动搅拌机。

使用搅和法调制的鸡尾酒，大多是含有水果、冰淇淋和鲜果汁的长饮品。所使用的水果，在放入电动搅拌机之前，一定要将其切成小碎块。碎冰在最后加入，这一点不要忘记。电动搅拌机在高速挡运转不少于 20 r/s，就能获得一种雪泥状的鸡尾酒。

四、调制方法演示

（一）摇和法——以红粉佳人为例

一杯红粉佳人的调制过程有以下几个步骤：

1. 制作工具

调制红粉佳人的工具有冰桶、冰夹、榨汁器、量酒器、摇酒壶、水果刀、砧板、杯垫。

2. 材料及用量

一杯红粉佳人所用到的材料有金酒 1 oz、君度 0.5 oz、柠檬汁 0.75 oz、红石榴糖浆 0.5 oz、鸡蛋清 0.5 个、冰块（4～6 块）。

3. 载杯选择

选取三角鸡尾酒杯。

4. 调制方法：摇和法

①首先除冰块外，将 1 oz 金酒、0.5 oz 君度、0.75 oz 柠檬汁、0.5 oz 红石榴糖浆和 0.5 个鸡蛋清按照顺序取量放入雪克壶中。

②用冰夹夹取冰块，放入雪克壶中。

③盖好雪克壶，单手或双手摇壶至壶壁出现冰霜即可。

④将摇好的鸡尾酒按顺时针方向倒入酒杯中，八分满即可。

5. 装饰物

用冰夹取出樱桃，用刀切一个小口，进行挂杯装饰。

一杯红粉佳人鸡尾酒已经调制完成，现在可以来品尝这杯美酒了。红粉佳人这款鸡尾酒颜色鲜红美艳，酒味芳香，入口润滑，酒精度为中等，适宜四季饮用。

（二）调和法——以曼哈顿为例

一杯曼哈顿的调制过程有以下几个步骤：

1. 制作工具

调制曼哈顿的工具有冰桶、冰夹、量酒器、调酒杯、水果刀、砧板、杯垫、吧匙、滤冰器。

2. 材料及用量

一杯曼哈顿所用到的材料有波本威士忌 1.5 oz、干味美思 1.5 oz、冰块（4～6 块）。

3. 载杯选择

选取古典杯。

4. 调制方法

①首先将冰块和 1.5 oz 威士忌放入调酒杯中。

②加入 1.5 oz 干味美思，用吧匙调和材料。

③在古典杯中注入冰块。

④滤冰器扣住调酒杯，将杯中液体倒入古典杯。

5. 装饰物

用冰夹取出樱桃，用刀切一个小口，进行挂杯装饰。

一杯曼哈顿鸡尾酒已经调制完成了，现在可以来品尝这杯美酒了。"曼哈顿"鸡尾酒被推举为"鸡尾酒皇后"。这款鸡尾酒香味浓馥，甘甜可口，宜于女性饮用，但是应该注意其酒精度也较高。

（三）兑和法——以特基拉日出为例

一杯特基拉日出的调制过程有以下几个步骤：

1. 制作工具

调制特基拉日出的工具有冰桶、冰夹、量酒器、水果刀、砧板、杯垫。

2. 材料及用量

我们知道，鸡尾酒的调制不是随心所欲的，而是必须严格按照配方和用量要求，如果擅自修改，严重的可能会导致酒水中毒甚至危及生命安全。因此鸡尾酒的调制一定要遵循严格的配方。

一杯特基拉日出所用到的材料是特基拉酒 1 oz、橙汁 8 分满、红石榴糖浆 0.5 oz、冰块（4 ~ 6 块）。

3. 载杯选择

选取柯林杯。

4. 调制方法

①在柯林杯中放入八成冰块。

②将 1 oz 的特基拉酒倒入柯林杯。

③将八分满的橙汁放入柯林杯。

④将 0.5 oz 红石榴糖浆倒入柯林杯。

5. 装饰物

切柳橙片，进行挂杯装饰，放入吸管。好了，一杯特基拉日出就调制完成了。

现在可以来品尝这杯美酒了。这款鸡尾酒颜色非常迷人，橙汁的黄色和石榴糖浆的深红色，自然匀染出的红黄渐变，就像墨西哥的日出一样醉人。曾经有人说过，特基拉日出不喝都可以让你微醉。

（四）漂浮法——以 B52 轰炸机为例

一杯 B52 轰炸机的调制过程有以下几个步骤：

1. 制作工具

调制 B52 轰炸机的工具有量酒器、吧匙、杯垫。

2. 材料及用量

一杯 B52 轰炸机所用到的材料：甘露咖啡酒 1/3 oz，百利甜奶油酒 1/3 oz，君度香甜酒 1/3 oz。

3. 载杯选择

选取利口杯。

4. 调制方法

①在利口酒杯中倒入 1/3 oz 的甘露咖啡酒。

②1/3 oz 百利甜奶油酒沿着勺背一侧缓缓倒入在第二层。

③倒入 1/3 oz 君度香甜酒。

一杯轰炸机鸡尾酒已经调制完成了。这可是一款好酒，但也是烈性酒。最下面一层是甘露咖啡酒，颜色是深棕色的，酒精度为 20 度，代表轰炸机飞行员看到的大地；中间一层选用的是百利甜奶油酒，颜色是乳白色的，酒精度为 17 度，代表轰炸机飞行员眼中的"云"；最上层用的是君度香甜酒，无色透明的，酒精度为 40 度，代表云层上能见度极好的天空。

现在可以来品尝这杯美酒了。先是香味，再是甜味，酒精度为 30 度。B52 是鸡尾酒中喝法比较独特的一种，要配上短吸管、餐巾纸和打火机。喝的时候把酒点燃，用吸管一口气喝完，可体验到先冷后热那种冰火两重天的感觉。那种感觉只有试过才知道。

吸管适用于女士，最刺激的喝法是不用吸管，直接一口喝下。喝的时候嘴唇不要碰到杯口以免烫伤。让火在嘴里灭掉，才能喝出最好的味道。

（五）搅和法——以蓝色玛格丽特为例

一杯蓝色玛格丽特的调制过程有以下几个步骤，分别是制作工具、材料及用量、载杯选择、调制方法、装饰物。

1. 制作工具

调制蓝色玛格丽特的工具有电动搅拌器、吧匙、杯垫、量酒器、水果盘。

2. 材料及用量

龙舌兰 1 oz，蓝色柑香酒 1/2 oz，砂糖 1 茶匙，细碎冰 3/4 杯，盐适量。

3. 载杯选择

选取玛格丽特杯。

4. 调制方法

①用盐将玛格丽特杯做成雪糖型。

②将冰块和材料倒入果汁机内。

③搅和均匀后，倒入玛格丽特杯中。

5.装饰物

放入吸管。

一杯蓝色玛格丽特鸡尾酒已经调制完成了。现在可以来品尝这杯美酒了。

蓝色玛格丽特晶蓝爽口，酒香悠远，让人联想起加勒比海深蓝色的海洋，适合在夏日的海边或饭店的游泳池畔品酌。

项目小结

本项目分为调酒用具的识别和使用、调酒计量和调酒方法的训练两项任务。通过调酒工具的介绍，让我们掌握识别不同调酒工具的能力，并掌握不同调酒工具的使用方法；同时，通过鸡尾酒计量单位与调制方法的学习，掌握调酒材料的用量控制和鸡尾酒的五大调制方法。

项目训练

○知识训练

一、简答题

1.调酒单位 1 oz 是多少毫升？

2.调酒壶有几种？有什么不同之处？

3.调酒的常见方法有哪几种？

二、思考题

1.为什么要对鸡尾酒材料用量严格控制？

2.鸡尾酒五种调酒方法存在的原因是什么？

知识拓展4

○能力训练

1.用摇和法调制鸡尾酒粉红佳人。

2.用调和法调制鸡尾酒曼哈顿。

3.用兑和法调制鸡尾酒自由古巴。

4.用搅和法调制鸡尾酒冰冻玛格丽特。

项目五
记住调酒常用载杯和装饰

>> **项目目标**

职业知识目标：

1. 掌握不同的调酒载杯。

2. 了解鸡尾酒装饰物的种类，熟悉鸡尾酒装饰的基本规律。

职业能力目标：

1. 掌握鸡尾酒载杯的使用条件。

2. 学会熟练地制作常规的鸡尾酒装饰物。

职业素质目标：

增强劳动意识和动手能力，促进自身全面发展。

>> **项目关键词**

载杯　装饰物

【项目导入】

鸡尾酒的载杯往往是唯一的。由于不同的鸡尾酒有不同的特性，也有不同的效果，因此不同的鸡尾酒只有用不同的杯子来装载才可以有完美的展现！除了载杯以外，鸡尾酒的装饰物也具有唯一性。什么样的鸡尾酒用什么样的装饰物是非常有讲究的。鸡尾酒装饰艺术性强，寓意含蓄，常能起到画龙点睛的作用。

任务一　认识调酒载杯

调酒载杯
的识别

认识调酒载杯，是正确开展鸡尾酒调制的基础。不同的鸡尾酒，需要搭配不同的载杯。载杯对于鸡尾酒内在魅力的体现非常重要。很多时候，载杯选择关系到鸡尾酒调制的成败。

载杯名称	详细介绍	图　片
海波杯 （Highball Glass）	平底、直身，圆桶形，常用于盛放软饮料、果汁、鸡尾酒、矿泉水，是酒吧中使用频率最高、必备的杯子。	
柯林杯 （Collins）	外形与海波杯大致相同，只是杯身略高于海波杯，多用于盛放混合饮料、鸡尾酒及奶昔。	
子弹杯 （Shot Glass）	高品质烈性酒专用，厚底，容量小，多为 1 oz，盛放净饮烈性酒和鸡尾酒，可以用来点火。	
吉格杯 （Jigger）	多用于烈性酒的净饮，也称烈酒净饮杯。	
利口酒杯 （Liqueur）	形状小，盛放净饮利口酒。	
甜酒杯 （Pony）	多用来盛载利口酒和甜点酒。	
鸡尾酒杯 （Cocktail Glass）	也称马天尼酒杯（Martini Glass），形状呈倒三角形，盛放某些鸡尾酒，比如马天尼鸡尾酒。	
酸威士忌酒杯 （Sour Glass）	与三角鸡尾酒杯形状相似，杯身较三角鸡尾酒杯深，容量略大。用于盛载酸味鸡尾酒和部分长饮鸡尾酒。	
古典杯 （Old Fashioned Glass）	也称冰杯，厚底，矮身，多用于盛放加冰饮用的烈酒。	

续表

载杯名称	详细介绍	图　片
白兰地杯 （Brandy Glass）	矮脚，小口，大肚酒杯，适用于盛放白兰地。	
大号白兰地杯 （Brandy Snifter）	形状与白兰地杯相同，容量稍大，更易于白兰地香气的散发。	
郁金香形香槟杯 （Champagne Tulip Glass）	高脚，瘦长杯身，用于盛放香槟酒。	
碟形香槟杯 （Champagne Saucer Glass）	高脚，浅身，阔口，用于码放香槟塔。	
笛形香槟酒杯 （Flute Glass）	主要盛载香槟酒和香槟鸡尾酒之用。	
红葡萄酒杯 （Red Wine Glass）	高脚，大肚，盛放红葡萄酒。	
白葡萄酒杯 （White Wine Glass）	高脚，大肚，盛放白葡萄酒和玫瑰红葡萄酒，容量比红葡萄酒杯略小。	
水杯 （Water Glass）	与红葡萄酒杯形状相同，容量略大。常用于喝酒之前帮你清口。	

载杯名称	详细介绍	图 片
调酒杯 （Mixing Glass）	高身，阔口，壁厚，用于调制鸡尾酒。	
玛格丽特杯 （Margarita Glass）	高脚，阔口，浅型，碟身，专用于盛放玛格丽特鸡尾酒。	
果汁杯 （Juice Glass）	与古典杯形状相同，略大，只限于盛放果汁。	
高脚水杯 （Goblet）	多见于豪华西餐厅，主要用于盛载矿泉水及冰水。	
坦布勒杯 （Tumbler）	无脚平底玻璃杯，多用于盛载长饮酒或软饮料。	
带柄啤酒杯 （Mug）	用于盛放鲜啤酒，俗称扎啤杯。	
比尔森啤酒杯 （Pilsner）	盛载啤酒之用。	
坦卡德啤酒杯 （Tankard）	这是一种带手把的大圆柱体啤酒杯，通常用木材、银、锡和玻璃制成。木质的酒杯在17世纪的时候是酒鬼的最爱。	

续表

载杯名称	详细介绍	图 片
品脱杯 （Pint）	品脱杯是一种可以承载约一品脱的啤酒杯的统称，大概可以装 568 mL。	 品脱杯　　　不碎品脱杯
雪利酒杯 （Sherry Glass）	矮脚，小容量，专用于盛放雪利酒。	
波特酒杯 （Port Glass）	形状与雪利酒杯相同，专用于盛放波特酒。	
滤酒杯 （Decanter）	主要用于酒的澄清，也作为追水杯使用。	
潘趣酒缸 （Punch）	也称宾治盆，供调制潘趣(宾治)酒之用。	
果冻杯 （Sherbet）	多用于盛载冰淇淋和果冻。	
飓风杯 （Hurricane Glass）	这是一种新式鸡尾酒杯，多用于盛载热带果汁鸡尾酒和冰冻鸡尾酒；容量一般为 12 ~ 16 oz。	
爱尔兰咖啡杯 （Irish Coffee Glass）	爱尔兰咖啡特定专用的爱尔兰咖啡杯，杯子的玻璃上有三条细线，第一线的底层是爱尔兰威士忌，第二线和第三线之间是曼特宁咖啡，第三线以上（杯的表层）是奶油。	

载杯名称	详细介绍	图　片
郁金香波可杯 （Tulip Poco Glass）	杯体透明度好，适合用来装冰沙、果汁之类，也可以用来装啤酒、奶茶和热带鸡尾酒特饮，又名热带鸡尾酒特饮杯。	
奶昔杯 （Milkshake Glass）	用来放冰淇淋、沙拉和奶昔的杯子。	

任务二　选择和制作装饰物

一、装饰物的种类

（一）冰块

调酒装饰物
制作

很多鸡尾酒在饮用的时候需要适当的冰度，因此，冰块便变得很重要。无论是与其他原料一起被摇匀再隔离，或直接加进饮品内，冰块都可以有很多花样。作为鸡尾酒装饰的冰块可以有不同的形状、味道和颜色。

（二）霜状饰物

霜状饰物是用来给鸡尾酒"造霜"的。"造霜"就是将一种甜或咸的味道捆在酒杯的边缘。很多不同的材料都可以用来造霜。但有一个原则：用食盐和香芹盐造霜时，要用柠檬汁或青柠汁润湿边缘，而造糖霜时可用稍微搅拌过的蛋白。要染糖霜或椰子霜，只需将它们放在粉状的食物中拌匀。此外也可以将咖啡粉、朱古力粉或桂皮粉与

糖混合来造霜。咸狗（Salty Dog）和玛格丽特（Margarita）等有盐霜的鸡尾酒，饮用时要连盐霜一起喝下。相反，糖霜只是用来装饰，所以饮用的时候可用吸管。

1—碎果仁霜；2—染蓝糖霜；3—染红糖霜；4—中等粗盐霜；
5—碎肉豆蔻霜；6—染黄干椰霜；7—染粉糖霜

（三）橘类饰物

点缀鸡尾酒，橘类水果是不可缺少的装饰材料。比如一片水果、螺旋水果皮等，要选那些结实、皮薄、完好和最好未经"打蜡"的水果。预备制作装饰物的时候，一定要先将水果洗净，并记住要用一把锋利的削皮刀。下图展示的各种装饰物，主要由橘、柠檬和青柠制成。其实任何橘类水果都可以。红肉橙由于有橙红色果肉，所以看起来会非常夺目。其他如西柚、细皮小柑橘等也是很好的选择。

1—长条青柠螺旋皮；2—柠檬皮结；3—半切片半螺旋的橙和青柠，用来卷曲地放在杯外；
4—挖有沟纹的鲜橙、柠檬和青柠"车轮"片；5—金橘百合花；6—短条橙皮；
7—1/4 和 1/2 块的鲜橙、柠檬、青柠片；8—中长橙皮；9—西柚皮；10—圆形橙皮；11—鲜橙皮；
12—长条柠檬皮片，用来打柠檬蝴蝶结；13—青柠和鲜橙皮结；14—完整的鲜橙、柠檬和青柠皮

（四）杂果饰物

除了橘类水果外，还有很多水果可以作为鸡尾酒的装饰物，统一称为杂果饰物。比如一串新鲜红醋栗（Redcurrant）的简单挂杯，或者一小束蘸了糖霜的葡萄。一般来说，选择鸡尾酒装饰物时，较保守的做法是让人觉得简单一点。否则，这杯饮品便会令人觉得没有亲切感，甚至生人勿近。

1—双重扭橘皮；2—香橙樱桃卷；3—三重扭纹橘子皮；4—染色樱桃；5—有柄樱桃；
6—有柄野樱桃；7—野樱桃柠檬卷；8—三重野杨梅串；9—柠檬卷；10—无核葡萄对；
11—各色瓜果球；12—杂色果球串；13—草莓扇；14—有柄鲜樱桃；15—半把草莓扇；
16—连野（花萼）草莓叶；17—连皮香蕉片

（五）花、叶、香草、香料饰物

我们可以用很多不同方式将植物的花和叶制成鸡尾酒的装饰物。比如，一朵兰花或者一朵玫瑰。血腥玛丽就是一款用香芹秆做装饰的世界知名鸡尾酒。

1—兰花；2——小枝牛膝草；3—粉红胡椒子；4—肉豆蔻末；5—肉豆蔻；
6——小枝茴香；7—细香葱和细香葱花；8—用橙皮扎着的一小束肉桂枝；9—丁香；
10—接骨木花；11—薄荷叶；12—灯笼果；13—斑纹苹果薄荷叶；14—野杨梅和叶；
15—红醋栗和叶；16—草莓连花和叶；17—罗勒枝；18—袖珍玫瑰、花蕾和叶；
19—百里香枝和花；20—玫瑰花瓣；21—香芹茎和叶；22—菠萝叶；23—月桂叶

二、鸡尾酒装饰规律

鸡尾酒的种类繁多，在装饰上也千差万别。在一般情况下，每种鸡尾酒都有其装饰要求，因此装饰物是鸡尾酒的主要组成部分。虽然鸡尾酒种类繁多，装饰要求也千差万别，但在鸡尾酒的装饰中仍有其基本规律。

（一）应依照鸡尾酒酒品原味选择与其相协调的装饰物

要求装饰物的味道和香气须与酒品原有的味道和香气相吻合，并且能更加突出该款鸡尾酒的特色。例如，当制作一款以柠檬等酸甜口味的果汁为主要辅料的鸡尾酒时，一般选用柠檬片、柠檬角来装饰。

（二）装饰物应增加鸡尾酒的特色，使酒品特色更加突出

装饰物的选取，主要取决于鸡尾酒配方的要求，它就像鸡尾酒的主要成分一样重要，不容随意改动。而对于新创造的酒种，则应以考虑宾客口味为主。

（三）保持传统习惯，搭配固定装饰物

按传统习惯装饰是一种约定俗成。这类情况，在传统标准的鸡尾酒配方中尤为显著。例如，在菲士（Fizz）酒类中，常以一片柠檬和一颗红色樱桃来作装饰；马丁尼一般都以橄榄或柠檬作为装饰等。

（四）色泽搭配，表情达意

五彩缤纷的颜色固然是鸡尾酒装饰的一大特点，但是在颜色使用上也不能随意选取。色彩本身体现着一定的内涵。例如，红色是热烈而兴奋的，黄色是明朗而欢乐的，蓝色是抑郁而悲哀的，绿色是平静而稳定的。灵活地使用颜色可以体现调酒师在创作鸡尾酒作品时的情感。红粉佳人（Pink Lady）用红樱桃装饰，而"爱"（Love）却用一枝红色玫瑰来装饰，都体现着各自不同的用意。

（五）象征性的造型更能突出主题

制作出象征性的装饰物往往能表达出一个鲜明的主题和深邃的内涵。马颈（Horse Neck）杯中那盘旋而下的柠檬长条又让人联想到骏马那美丽而细长的脖颈。

（六）形状与杯型的协调统一，形成鸡尾酒装饰的特色

装饰物形状与杯型二者在创造鸡尾酒外形美上是一对密不可分的要素。

用平底直身杯或高大矮脚杯，如柯林杯常常少不了吸管、调酒棒这些实用型装饰物。另外，常用大型的果片、果皮或复杂的花形来装饰，体现出一种挺拔秀气的美感来。在此基础上可以用樱桃等小型果实作复合辅助装饰，以增添新的色彩。用古典杯时，在装饰上也要体现传统风格。常常是将果皮、果实或一些蔬菜直接投入酒水中，使人感觉其稳重、厚实、纯正。有时也加放短吸管或调酒棒等来辅助装饰。用高脚小型杯（主要指鸡尾酒杯和香槟杯），常常配以樱桃、橘瓣之类小型水果，果瓣或直接缀于杯边或用鸡尾签串缀起来悬于杯上，表现出小巧玲珑又丰富多彩的特色来。但要切记鸡尾酒的装饰一定要保持简单、简洁。

（七）注意传统规律，切忌画蛇添足

装饰对于鸡尾酒的制作来说确实是个重要环节，但是并不是每杯鸡尾酒都需要配上装饰物，有几种情况是不需要装饰的：

①表面有浓乳的酒品，这类酒品除按配方可撒些豆蔻粉之类的调味品外，一般情况下就不需要任何装饰了。因为那飘若浮云的白色浓乳本身就是最好的装饰。

②彩虹酒（分层酒）是在彩虹酒杯中兑入不同颜色的酒品，使其形成色彩各异的分层鸡尾酒。这种酒不需要装饰是因为那五彩缤纷的酒色已经充分体现了美。

另外，在鸡尾酒的装饰过程中，调酒师们还习惯地在制作鸡尾酒装饰物时把那些

酒液浑浊的鸡尾酒的装饰物挂在杯边或杯外，而那些酒液透明的鸡尾酒的装饰物放在杯中。

三、装饰物的制作

（一）柠檬片、柳橙片的制作

材料准备：圆盘 2 个、水果夹、水果刀、砧板、柠檬或柳橙。

清洗、擦干柠檬，切去蒂头

柠檬片厚度约 0.3 cm；柳橙片厚度约 0.5 cm

在柠檬（柳橙）片切一刀（挂杯口用）

成品

（二）柠檬片（柳橙片）＆红樱桃的制作

材料准备：圆盘 2 个、水果夹、水果刀、砧板、剑叉、红樱桃、柠檬或柳橙。

左手取水果夹夹取柠檬片（柳橙片），右手取剑叉插入柠檬片（柳橙片）

以水果夹夹取樱桃，剑叉穿过樱桃

再将柠檬片（柳橙片）和樱桃串在一起，并以水果夹夹取放回圆盘

成品

（三）苹果片 & 红樱桃的制作

材料准备：圆盘 2 个、水果夹、水果刀、砧板、剑叉、苹果、红樱桃。

将苹果直向对切

其中一半再对切成 1/4 块状

再取其中一块横向对切

夹起红樱桃，将苹果片和红樱桃串在一起

左手取水果夹夹取苹果片，右手取剑叉叉入苹果片

取其中一片切一苹果片，苹果片厚度约 0.5 cm，若切到核，则须去核

成品

（四）柠檬皮的制作

材料准备：圆盘 2 个、水果夹、水果刀、砧板、柠檬。

清洗擦干柠檬，切去蒂头，切一柠檬片，厚度约 1 cm

将柠檬片对半切

以水果刀去除半片柠檬片的果肉及囊部分

成品

（五）螺旋形柠檬皮的制作

材料准备：圆盘、水果刀、砧板、柠檬。

左手拿柠檬，右手持水果
刀将柠檬削成一螺旋形长　　　　成品
条状的柠檬皮

（六）盐口杯的制作

材料准备：圆盘2个、水果夹、水果刀、砧板、柠檬、三角鸡尾酒杯、盐。

清洗并擦干柠檬，切去蒂　　　水果夹夹取柠檬片抹湿杯　　　把柠檬(柳橙)片切一刀(挂
头，切一柠檬片　　　　　　　口，完毕将柠檬片丢弃　　　杯口用)

成品

项目小结

　　本项目分为认识调酒载杯、装饰物的选择和制作两项任务。通过载杯的介绍，学生能识别不同的载杯，并掌握不同载杯的使用范围；通过鸡尾酒装饰物的介绍和现场制作，让学生掌握装饰物制作的基本材料选择和学会常规鸡尾酒装饰物的制作。

项目训练

知识拓展 5

知识训练

一、简答题

1. 说出常见的鸡尾酒载杯。

2. 鸡尾酒装饰的基本原则是什么？

二、思考题

1. 载杯对鸡尾酒有哪些作用？

2. 自创鸡尾酒装饰需要考虑哪些因素？

能力训练

1. 在调酒台上放置若干不同的载杯，请同学们在 1 min 内，找出鸡尾酒红粉佳人、黑色俄罗斯、特基拉日出、自由古巴所对应的载杯。

2. 在 3 min 内，每个同学都要完成一次盐口杯的制作。

项目六
学会常见鸡尾酒的制作

》 项目目标

职业知识目标：

1. 了解鸡尾酒的调制程序，掌握鸡尾酒调制的原则。
2. 熟悉鸡尾酒调制的基本要求和标准要求，掌握鸡尾酒调制的原理。
3. 熟悉自创鸡尾酒的基本规则和要求。

职业能力目标：

1. 熟练掌握鸡尾酒色彩、香味调配技巧。
2. 熟练掌握鸡尾酒的调制程序并能灵活应用。
3. 学会规范地自创鸡尾酒。

职业素质目标：

形成积极的生活态度、对美好事物的向往和勇于展现自我的个性。

》 项目关键词

程序　原则　要求　基本规则　技巧　训练

【项目导入】

正如香港调酒师协会秘书长王绍忠所说，调制一杯鸡尾酒并非难事。一个家庭酒吧的基本配备包括琴酒、伏特加、白色或褐色的朗姆酒、白兰地或干邑酒、龙舌兰酒和产自巴西的甘蔗酒。若再加上甜酒类，可以调制的品种就更加多。初学时不需要马上购买专业的调酒用具，只需要调酒壶、果汁机、滤冰器和计量杯就够了。当然要调制出色、香、味、形、器俱佳的鸡尾酒，就不是那么容易了。

任务一　认识鸡尾酒的调制程序与原则

一、调制程序

鸡尾酒的调制程序主要包括准备、调制、装饰和出品。

（一）准备工作

①备齐酒水。按照配方的要求，把所需要的酒水材料准备好。

②备齐调酒工具。按照配方的要求，把所需要的调酒工具准备好。

③准备好载杯。每一款鸡尾酒都有一款指定的载杯与之配套，因此调制鸡尾酒前需要把所需要的载杯准备好。

④备好装饰。鸡尾酒的装饰物主要有两类：一类是需要在酒水制作前做好的，比如霜口杯；另一类是在酒调制完毕后加装上去的，比如柠檬片挂杯。

（二）调制鸡尾酒

1. 取瓶

把酒瓶从酒柜取下放到操作台的过程称为取瓶。取瓶的时候要注意不能背对着客人，这样给客人的感觉是不礼貌。调酒师应该略微侧身从酒柜上取下酒水。

2. 传瓶

把酒瓶从酒柜或操作台上传到手中的过程。传瓶一般有从左手传到右手或从下方传到上方两种情形。用左手拿瓶颈部传到右手上，用右手拿瓶的中间部位，或直接用右手从瓶的颈部上提至瓶中间部位，要求动作快、稳。

3. 示瓶

把酒瓶展示给客人。用左手托住瓶底部，右手拿住瓶颈部，呈45°把商标面向客人。传瓶至示瓶是一个连贯的动作。

4. 开瓶

用右手拿住瓶身，左手中指和食指逆时针打开瓶盖，可以用左手虎口即拇指和食指夹起瓶盖，也可以将瓶盖放在台面上。

5. 量酒

开瓶后立即用左手中指和食指与无名指夹起量杯（根据需要选择量杯大小），两臂略微抬起呈环抱状，把量杯放在靠近容器的正前上方约一寸处，量杯要端平。然后右手将酒倒入量杯，倒满后收瓶口，左手同时将酒倒进所用的容器中。用左手拇指顺时针方向盖盖，然后放下量杯，酒瓶放回原位。

6. 调制

注入原料后，按照配方规定的调酒方法进行调制。调制动作要规范、标准、快速、美观。

鸡尾酒的
调制程序
和原则

（三）装饰

按照配方的要求，用预先准备好的装饰材料，对鸡尾酒进行装饰。

（四）出品

出品是指这款鸡尾酒已经制作完毕，可以对外销售了。这个时候特别需要做的是对鸡尾酒进行检查，主要涉及鸡尾酒的色泽、装饰物、载杯等。一旦发现与配方有差别，应该立即停止出品，重新调制。

（五）清理与归位

调酒结束后，首先要把酒水材料放回原位；其次，立即清洗使用过的调酒工具；最后，整理工作台，保证台面的卫生和干净。

二、调制原则

（一）规范是要求

鸡尾酒调制一定要规范，具体来说就是考虑好以下要素：

①配方：按配方调制并按正确顺序来制作。

②洁杯：调酒前事先确认杯具是否干净。

③量器：养成使用量酒器的习惯。

④果汁、水果、冰块：应选用正确及新鲜的，并事先准备好。

⑤酒杯：配合鸡尾酒正确使用，使用前宜事先冰凉。

⑥动作：调和或摇和时动作应迅速，并即刻倒入杯内。

⑦冰块："搅拌"时使用大型冰块，"摇和"时使用碎冰块，"混合"时使用细冰块。

（二）卫生是前提

调制鸡尾酒，卫生至关重要。为了保证鸡尾酒的卫生，有以下注意事项：调酒用的基酒、辅料、装饰、用具等都要清洗干净；使用材料必须新鲜，特别是蛋、奶、果汁；调酒器具要保持干净清洁，以便随时使用；必须保持一双干净的手，手是客人注意的焦点；装饰用水果要新鲜；罐装装饰水果如樱桃，要根据当天用量提前冲洗干净，用保鲜膜封好放入冰箱备用；在调制操作过程中应尽量避免用手接触装饰物；调酒配方中的蛋黄或蛋白均为新鲜的。

（三）动作要优美

调制鸡尾酒应具有表演性和观赏性，这对渲染气氛，给宾客以美好的视觉享受起着积极的作用，因此要求调酒师在调酒过程中要展示健康良好的精神风貌，动作娴熟潇洒、连贯自然，姿态优美。

任务二　掌握自创鸡尾酒的基本规则

鸡尾酒是一种自娱性很强的混合饮料，它不同于其他任何一种产品的生产，可以由调制者根据自己的喜好和口味特征来尽情地想象，尽情地发挥。但是，如果要使它成为商品，在饭店、酒吧中进行销售，那就必须符合一定的规则，它必须适应市场的需要，满足消费者的需求。因此，鸡尾酒的创作必须遵循一些基本规则。

一、新颖性

任何一款新创鸡尾酒首先必须突出一个"新"字，即在已流行的鸡尾酒中没有记载。此外，创作的鸡尾酒无论在表现手法，还是在色彩、口味等方面，以及酒品所表达的意境等，都应使人耳目一新，给品尝者以新意。鸡尾酒的新颖，关键在于其构思的奇巧。构思是人们根据需要而形成的设计导向，这是鸡尾酒设计制作的思想内涵和灵魂。鸡尾酒的新颖性原则，就是要求创作者能充分运用各种调酒材料和艺术手段，通过挖掘和思考，来体现鸡尾酒新颖的构思，创作出色、香、味、形俱佳的新酒品。

二、易于推广

任何一款鸡尾酒的设计都有一定的目的，要么是设计者自娱自乐，要么是在某个特定的场合，为渲染或烘托气氛进行即兴创作，但更多的是一些专业调酒师，为了饭店、酒吧经营的需要而进行的专门创作。创作的目的不同，决定了创作者的设计手法也不完全一样。作为经营所需而设计创作的鸡尾酒，在构思时必须遵循易于推广的原则，即将它当作商品来进行创作。

①鸡尾酒的创作不同于其他商品，它是一种饮品，首先必须满足消费者的口味需要，因此，创作者必须充分了解消费者的需求，使自己创作的酒品能适应市场的需要，易于被消费者接受。

②既然创作的鸡尾酒是一种商品，就必须要考虑其营利性质，必须考虑其创作成本。鸡尾酒的成本由调制的主料、辅料、装饰品等直接成本和其他间接成本构成。成本的高低尤其是直接成本的高低，直接影响酒品的销售价格，价格过高，消费者接受不了，会严重影响酒品的推广。因此，在进行鸡尾酒创作时，应当选择一些口味较好，价格又不是很昂贵的酒品作基酒进行调配。

③配方简洁是鸡尾酒易于推广和流行的又一因素。从以往的鸡尾酒配方来看，绝大多数配方都很简洁，易于调制。即使以前比较复杂的配方，随着时代的发展，人们需求的变化，也变得越来越简洁。如"新加坡司令"，当初发明的时候，调配材料有十多种，但由于其复杂的配方很难记忆，制作也比较麻烦，因此，在推广过程中被人

们逐步简化，变成了现在的配方。所以，在设计和创作新鸡尾酒时，必须使配方简洁，一般每款鸡尾酒的主要调配材料，控制在五种或五种以内，这既利于调配，又利于流行和推广。

④遵循基本的调制法则，并有所创新。任何一款新创作的鸡尾酒，要能易于推广，易于流行，还必须易于调制，在调制方法的选择上也不外乎摇和、搅和、兑和等方法。当然，鸡尾酒在调制方法上也是可以创新的，如将摇和法与漂浮法结合，将摇和法与兑和法结合调制酒品等。

三、色彩鲜艳、独特

色彩是表现鸡尾酒魅力的重要因素之一。任何一款鸡尾酒都可以通过赏心悦目的色彩来吸引消费者，并通过色彩来增加鸡尾酒自身的鉴赏价值。因此，鸡尾酒的创作者们在创作鸡尾酒时，都需要特别注意酒品颜色的选用。鸡尾酒中常用的色彩有红、蓝、绿、黄、褐等几种，在以往的鸡尾酒中，出现得最多的颜色是红、蓝、绿以及少量黄色，这使许多酒品在视觉效果上不再有什么新意，缺少独创性。因此，创作时应考虑到色彩的与众不同，增加酒品的视觉效果。

四、口味卓绝

口味是评判一款鸡尾酒好坏以及能否流行的重要标志，因此，鸡尾酒的创作必须将口味作为一个重要因素加以认真考虑。口味卓绝的原则是，要求新创作的鸡尾酒在口味上，首先必须诸味调和，酸、甜、苦、辣诸味必须相谐调，过酸、过甜或过苦，都会影响人的味蕾对味道的品尝能力，从而降低酒的口味。其次，新创鸡尾酒在口味上还需满足消费者的口味需求，虽然不同地区的消费者在口味上有所不同，但作为流行性和国际性很强的鸡尾酒，在设计时必须考虑其广泛性要求，在满足绝大多数消费者共同需求的同时，再适当兼顾本地区消费者的口味需求。此外，还应注意突出基酒的口味，避免辅料"喧宾夺主"。基酒是任何一款酒品的根本和核心，无论采用何种辅料，最终形成何种口味特征，都不能掩盖基酒的味道，造成主次颠倒。

任务三 认识鸡尾酒调制技巧

鸡尾酒
调制方法   鸡尾酒
调制技巧

一、鸡尾酒色彩调配技巧

鸡尾酒现在已成为新兴都市人一种全新的生活价值体现。各式不同的基酒，加上辅料的果汁、汽水、切片水果等，再配上自己几分天马行空的想象力，在任何时候、

任何地方，都可以为自己创造出别具情趣和格调的鸡尾酒。色彩的合理使用，可以让我们手中的鸡尾酒传达出不同情感或者特殊情调。另据科学实验证明，色彩对人的食欲影响很大。例如，黄色、红色可以增加人的食欲。

（一）鸡尾酒的色彩来源

1.糖浆

颜色有红色、黄色、绿色、白色等，较熟悉的糖浆有红石榴糖浆（深红）、山楂糖浆（浅红）、香蕉糖浆（黄色）、西瓜糖浆（绿色）等。

2.果汁

果汁是通过水果挤榨而成的，具有水果的自然颜色，且含糖量要比糖浆少得多。常见的有橙汁（橙色）、香蕉汁（黄色）、椰汁（白色）、西瓜汁（红色）、草莓汁（浅红色）、番茄汁（粉红色）等。

3.利口酒

利口酒颜色十分丰富，几乎包括了赤、橙、黄、绿、青、蓝、紫，有的利口酒同一品牌有几种不同的颜色。如可可酒有白色和褐色，薄荷酒有绿色和白色，橙皮酒有蓝色和白色等。

4.基酒

除伏特加、金酒等少数几种无色外，大多数基酒都有自身的颜色，这也是构成鸡尾酒色彩的基础。

（二）鸡尾酒的色彩调制

鸡尾酒颜色的调制需按色彩配比的规律进行调制。

1.调制彩虹酒时

首先应使每层酒为等距离，以保持酒体形态稳定、平衡。其次注意色彩的对比，如红与绿、黄与紫、蓝与橙是补色关系的一对色，白与黑是色明度差距极大的一对色。最后将暗色、深色的酒置于酒杯下部，如红石榴汁；明亮或浅色的酒放在上面，如白兰地、浓乳等，以保持酒体的平衡，只有这样调制出的彩虹酒才有感观美。

三原色：红、黄、蓝

间色：红＋黄＝橙

黄＋蓝＝绿

红＋蓝＝紫

补色：是三原色中的一色与另外两个原色搭配产生的间色互称为补色。

2.调制有层色的部分海波饮品、果汁饮品时

应注意色彩的比例配备，一般来说暖色或纯色的诱惑力强，应占面积小一些。冷色或浊色面积可大一些，如特基拉日出。

暖色：是指红、黄或倾向于红、黄的颜色。暖色给人以温暖、兴奋、热情、艳丽、

刺激的感觉。

冷色：是指绿、蓝或倾向于绿和蓝的颜色称为冷色。冷色给人以清静、冷淡、阴凉、安静、舒适、新鲜感。

3. 鸡尾酒色彩混合调制时

①在鸡尾酒家族中绝大部分鸡尾酒是将几种不同颜色的原料进行混合，调制成某种颜色。

三原色互相混合可产生三间色即：

红＋黄＝橙

黄＋蓝＝绿

红＋蓝＝紫

间色与间色、间色与原色也可以进一步混合产生复色：

橙＋绿＝柠檬

绿＋紫＝橄榄

紫＋橙＝朽叶

复色与复色、复色与间色、复色与原色还可以进一步混合：

白＋黄＝奶黄

白＋黄＋红＝红黄

白＋黑＝灰

白＋蓝＋黑＝蓝灰

白＋黄＋蓝＝湖绿

蓝＋黄＋黑＝墨绿色

白＋蓝＝天蓝

白＋红＋黄＝肉红

白＋红＝粉红

红＋黑＝紫红

黄＋黑＝浅柚木色

黄＋黑＋红＝深柚木色

②调制鸡尾酒时应把握不同颜色原料用量。用量过多，色深。用量少，色浅，酒品达不到预想的效果。如红粉佳人。

③注意不同原理对颜色的作用，冰块是调制鸡尾酒不可缺少的原料，不仅对酒品起冰镇的作用，对酒品的颜色、味道也起到稀释作用。冰块在调制鸡尾酒时的用量、时间长短直接影响颜色的深浅。另外，冰块本身具有透亮性，在古典杯中加冰块的酒品更具有光泽，更显晶莹透亮。如君度加冰、威士忌加冰、金巴利加冰等。

④乳、奶、蛋等具有半透明的特点，且不易同酒品的颜色混合，调制中用这些原

料能起增白效果。蛋清增加泡沫，蛋黄增强口感。添加鸡蛋使调出的饮品呈朦胧状，能增加酒品的诱惑力。

（三）鸡尾酒色彩寓意

色彩对人的刺激使人产生不同的感性反应。这些感性反应有的是本能反应，有的是由于长期经验的积存，有的则是对自然、环境、事物的联想。这些色彩的感性方式，还由于人的性别、年龄、爱好和生活环境的差异而各有不同。通常，人们从红色中会联想到火、太阳、血、女人的香唇，又可抽象联想到热情、温暖、革命、危险；从青色中会具体联想到水、海洋、天空、湖泊、清泉，又可抽象联想到理智、沉静、清爽、冷淡；从绿色中会具体联想到草地、森林、山川、树叶，又可抽象联想到春天、和平、新鲜、青春；从黄色中会具体联想到黄金、月亮、阳光，又可抽象联想到光明、希望、明快、活泼；等等。一杯鸡尾酒的确能使人们从色彩效果中得到感情的抒发。

①红色鸡尾酒表达幸福、热情、活力、热烈的情感。

②紫色鸡尾酒给人高贵庄重的感觉。

③粉红色鸡尾酒传达健康浪漫。

④黄色鸡尾酒是辉煌神圣的象征。

⑤绿色鸡尾酒使人联想起大自然，感到年轻充满活力。

⑥蓝色鸡尾酒给人冷淡伤感的联想，产生辽阔与清凉之感。

⑦白色鸡尾酒给人纯洁、神圣、善良的感觉。

二、鸡尾酒口味调制技巧

鸡尾酒的味道是通过各种天然口味的饮料成分来体现的，调出的味道一般都不会过酸或过甜，是一种味道较为适中且能满足人们各种口味需要的饮品。

（一）鸡尾酒的口味

鸡尾酒的口味，是消费者最关心的。鸡尾酒的口味主要来源于原料的口味。人们常常用甜、酸、苦、辛、咸、涩、怪七味来评价酒品的口味风格。

1. 甜味

甜味鸡尾酒可以给人以舒适、滋润、纯美、丰满、浓郁、绵柔等感觉。甜味主要来源于酒质中含有的糖分、甘油和多元醇类等物质，这些物质具有甜味基因或助甜基因，入口以后使人感到甜美。糖分普遍存在于酿酒原料之中，果类中含有大量葡萄糖，根茎类植物中含有丰富的蔗糖，谷类中的淀粉在糖化作用下会转变成麦芽糖和葡萄糖。只要它们不在发酵中耗尽，酒液就会有甜味。再则，人们常常有意识地加入这样或那样的糖饴、糖分、糖醪、糖汁、糖浆，以改善酒品的口味。

甜味的酒：发酵酒中的甜味酒包括甜型的葡萄酒、甜型的黄酒和果酒；配制酒中的甜型酒包括甜型味美思、甜食酒和利口酒等酒品。

甜味的辅料：包括糖、糖浆、蜂蜜、甜味果汁、甜味汽水等。

2. 酸味

酸味是世界酒品中另一主要的口味风格。现代消费者都十分偏爱非甜型酒品。由于酸味酒常给人以醇厚、甘洌、爽快、开胃、刺激等感觉，尤其是相对甜味来说，适当的酸味不粘挂，清肠沥油，尤使人感到干净干爽，故常以"干"字替之。干型口味中固然还包括了辛、涩等味觉，但酸是其主体味感。酸性不足，酒呈寡淡乏味；酸性过大，酒呈辛辣粗俗。适量的酸可对烈酒口味起缓冲作用并在陈酿过程中逐步形成芳香酯。酒中的酸性物质可分为挥发性和不挥发性两类，不挥发酸是导致醇厚感觉的主要物质，挥发酸是导致回味的主要物质。

酸味的酒：发酵酒中的酸味酒包括干型的葡萄酒、干型的黄酒和果酒；配制酒中的干型味美思等酒品。

酸味的辅料：包括柠檬汁、青柠汁、西红柿汁等。

3. 苦味

苦味并不一定是不好的口味，世界上有不少酒品专以味苦著称，比如法、意两国的比特酒；也有不少酒品保留一定苦味，比如啤酒中的许多品种。苦味是一种特殊的酒品风格。苦味切不可滥用，它具有较强的味觉破坏功能，人的苦觉可以引起其他味觉的麻痹。酒中恰到好处的苦味给人以净口、止渴、生津、除热、开胃等感觉。

苦味的酒：酒中的苦味可由原料带入，如金巴利、苦精、啤酒。

苦味的辅料：有苦瓜汁、苦橙汁、西柚汁等。

4. 辛味

辛又为辣，酒品的辛味虽不同于一般的辣味，但由于它们给人的感受很接近，人们常以辛辣相称。辛味不是饮者所追求的主要酒品口味，辛给人以强刺激，有冲头、刺鼻、兴奋、颤抖等感觉。高浓度的酒精饮料给人的辛辣感受最为典型。

辛味的酒：主要来自各种烈酒。白兰地、威士忌、朗姆、金酒、伏特加、龙舌兰、中国白酒等。

辛味的辅料：辣椒油、胡椒粉、辣椒粉等。

5. 咸味

一般来说，咸味不是饮者所喜好的口味。不过，少量的盐类可以促进味觉的灵敏，使酒味更加浓厚。墨西哥人常在饮酒时吸食盐粉，以增加特基拉酒的风味。

6. 涩味

涩味常与苦味同时发生，但并不像苦味那样为饮者所青睐。这是由于涩给人以麻舌、收敛、烦恼、粗糙等感觉，对人的情绪有较强干扰，常引起神经系统的某种混乱。涩味主要来源于酿酒原料。葡萄酒尤其是干型葡萄酒或多或少带有涩味。

7. 怪味

凡不属于上述口味风格而又为某些饮者喜欢的口味，我们称之为怪味。怪味是不常见的口味。怪味最大的特点是与众不同，给人以难以名状的感受。怪味是一个比较含混不清的概念，因为一些人可以称某一种口味为怪，而另一些则不以为然，这恐怕也是怪味之所以"怪"的缘故。

（二）鸡尾酒口味的调配原理

1. 绵柔香甜的鸡尾酒

用乳、奶、蛋和具有口味独特的利口酒制成的饮品。如白兰地蛋诺、金菲士等。

2. 酒香浓郁的酸味鸡尾酒

用柠檬汁、青柠汁等酸性材料混合利口酒、糖浆等制成的饮品。

3. 果香浓郁的鸡尾酒

以各种新鲜果汁，特别是现榨果汁与众多基酒或利口酒调配。如宾治类鸡尾酒。

4. 清凉爽口的鸡尾酒

以各种碳酸饮料，辅以不同颜色口味的利口酒或其他酒类调配的长饮，具有清凉解渴的功效。如柯林类鸡尾酒、司令类鸡尾酒。

5. 酒香浓郁的烈性鸡尾酒

以六大基酒为主体，配少量辅料增加香味，糖度低，口感甘洌。如马天尼类鸡尾酒、曼哈顿类鸡尾酒，这类酒含糖量少，深受男性消费者的喜欢，属于烈性鸡尾酒。

6. 微苦香甜的鸡尾酒

以啤酒和苦酒为原料的鸡尾酒，如深水炸弹、美国佬等。这类酒入口虽苦，但持续时间短，有开胃和清热的作用。

三、鸡尾酒香味调配技巧

香气最能体现鸡尾酒的艺术风格。鸡尾酒的香气或浓郁或淡雅，但层次丰富、令人陶醉。

（一）调酒主料的香气

①白兰地的香气悦人，既有优雅的葡萄香，又有浓郁的橡木香，还有在蒸馏过程和贮藏过程获得的酯香和陈酿香。

②威士忌的香气丰富，苏格兰威士忌有独特的泥炭香，爱尔兰威士忌有清淡的大麦香味，美国威士忌独具橡树芳香，加拿大威士忌芬芳柔和等。

③朗姆酒的香气有芬芳型，也有清香型。

④金酒的香气主要来自杜松子，除此还有其他的香料。荷兰产的古典金酒芳香浓郁，英式的干金酒香味清淡柔和。

⑤伏特加大多数是无香型的中型伏特加，非要说有香味的话，就是酒精香味。而

风味型伏特加来自添加的增香材料，如柠檬香、辣椒香、梨树树叶等。

⑥龙舌兰烈酒一种是具有原料酒香的无色特基拉，另一种是具有陈酿香的特基拉老酒。

⑦白酒的香型有酱香、浓香、清香、米香和复合香等。

⑧啤酒主要是酒花香、麦芽的香味。

（二）调酒辅料的香气

①甜食酒兼具葡萄酒和烈性酒的香味。

②中国配制酒既有植物香，又有动物香，还有动植物混合香。比如，茴香酒有浓重的茴香风味等。

③利口酒的香气最为丰富，如各种水果香、植物香、果仁香、奶香味等。每一种利口酒的香味都是独一无二的，是它们赋予了鸡尾酒芳香迷人的艺术风格。

④软饮料中的香气，如奶香浓郁的奶制品，水果香味浓郁的果汁，蜜蜂具有天然的花蜜香，此外还有咖啡、茶、鸡蛋、辣椒油、酱油等也各具自身的特有芳香味。

（三）调酒装饰材料的香气

鸡尾酒装饰物的种类各种各样，它们的香气也是鸡尾酒香气的重要组成部分，大大丰富了鸡尾酒的香气。从目前来看，鸡尾酒装饰物的香气对鸡尾酒的香气起调整的作用：其一是烘托，对鸡尾酒主体香气起到烘托作用，如在马天尼中挤入柠檬油，让酒更清香；其二是修正的作用，如奶类鸡尾酒中撒入豆蔻粉，去除腥味。

四、鸡尾酒造型调制技巧

鸡尾酒是一种造型技术。在选载杯时，应该充分考虑到鸡尾酒的特点和内涵，选择能够表达出该款鸡尾酒主题的造型。每一个酒杯都有特定的造型，装载相应的鸡尾酒后，都有自己的风情万种。

另外，鸡尾酒的装饰物也是鸡尾酒造型的重要组成部分。装饰是调制鸡尾酒不可缺少的内容。一杯鸡尾酒经过精心装饰后，可以更加突出主体和内涵思想，更具造型美。常见的装饰方法有点缀型装饰、调味型装饰和调香型装饰。

五、鸡尾酒酒格调制技巧

格是鸡尾酒色、香、味、形的综合体现。一杯好的鸡尾酒应该色、香、味、型兼备。鸡尾酒的色彩是否合适，鸡尾酒的香气是否怡人，鸡尾酒的味道是否愉悦，鸡尾酒的造型是否引人瞩目，都将影响到消费者对鸡尾酒格的判断。

鸡尾酒格的调配就是要让鸡尾酒的色、香、味、形和谐统一，浑然一体。让鸡尾酒的格达到"多出一分则太多，少之一分则太少"的完美境界。

六、鸡尾酒调制方法和载杯选择技巧

（一）鸡尾酒调制方法选择

①调酒原材料中，全部是透明的，且各种酒水的密度较低，通常使用调和法。

②调酒原材料中，全部或部分是非透明的，且酒水密度较高，通常使用摇和法。

③调酒原材料中，有固体状态的，通常使用搅和法。

④成品酒需要分层的，通常使用直接注入法中的漂浮法。

⑤含气体的碳酸饮料类不能在调酒壶中摇和。

⑥材料的投放，一般先辅料后主料。

⑦鸡尾酒成品中不带冰的，在制作时一般先放入材料后放入冰块。

⑧鸡尾酒成品带冰的，在制作时一般先放冰块后放材料。

（二）载杯选择

①成品酒不带冰的一般使用三角鸡尾酒杯或烈酒杯。

②成品酒只带冰块的一般使用古典杯或岩石杯。

③成品酒带冰和碳酸饮料、果汁的一般使用柯林杯或海波杯。

任务四　开展经典鸡尾酒调制训练

一、红粉佳人的调制

（一）鸡尾酒来源

红粉佳人

大家知道这款鸡尾酒为什么叫红粉佳人吗？是因为它源自美国百老汇的一出短剧。剧中有一位年轻貌美的巾帼女英雄，饮酒后大跳芳舞，这酒便是红粉佳人，是一款专门献给佳人的鸡尾酒，有非常独特的魅力。那么接下来，让我们来学习红粉佳人的调制。

（二）调制过程

一杯红粉佳人的调制过程有以下几个步骤：

1. 制作工具

调制红粉佳人的工具有冰桶、冰夹、榨汁器、量酒器、摇酒壶、水果刀、砧板、杯垫。

2. 材料及用量

我们知道，鸡尾酒的调制不是随心所欲的，而是必须严格按照配方和用量来要求，如果擅自修改，严重的可能会导致酒精中毒，危及生命安全。因此鸡尾酒的调制一定要遵循严格的配方。

一杯红粉佳人所用到的材料：金酒 1 oz，柠檬汁 0.75 oz，红石榴糖浆 0.5 oz，鸡蛋清 0.5 个，冰块（4～6 块）。

3. 调制方法

①首先除冰块外，将金酒、柠檬汁、红石榴糖浆和鸡蛋清按照顺序取量放入雪克壶中。

②用冰夹夹取冰块，放入雪克壶中。

③盖好雪克壶，单手或双手摇壶至壶壁出现冰霜即可。

④选取三角鸡尾酒杯，将摇好的鸡尾酒按顺时针方向倒入酒杯中，八分满即可。

⑤用冰夹取出樱桃，用刀切一个小口，进行挂杯装饰。一杯红粉佳人鸡尾酒已经调制完成了，现在可以来品尝这杯美酒了。

（三）成品品鉴

并不是每次的调制都会成功，你在调制的过程中有没有以下的情况出现呢？

第一种情况：泡沫较少，口感生硬。

第二种情况：颜色过浓或过淡，口感单调或偏甜。

还有一种情况是泡沫和颜色都符合要求了，但口感偏酸。

出现以上情况的原因是什么呢？接下来为大家一一解答。

第一种情况，泡沫较少是因为蛋清的用量少了，或者摇晃时力度不够，还有种可能是鸡蛋的新鲜度不够。

第二种情况，颜色过浓是因为红石榴糖浆用量过多，反之则过少，而糖浆味甜，则会直接影响到口感的甜度。

第三种情况是因为柠檬汁的用量有偏差，量稍多对口感的影响都非常大。

同学们，现在你知道怎么去调制一杯完美的红粉佳人鸡尾酒了吧。

二、干马天尼的调制

干马天尼

（一）鸡尾酒来源

大家知道这款鸡尾酒的来源吗？干马天尼（Dry Martini）也称干马提尼，是世界十大经典鸡尾酒之一，有鸡尾酒之王的美誉。马天尼酒的原型是杜松子酒加某种酒，最早以甜味为主，选用甜苦艾酒为辅材料。随着时代变迁，辛辣的味感逐渐成为主流。007 系列电影的詹姆斯·邦德让这种酒变得家喻户晓。那么接下来，让我们来学习干马天尼的调制。

（二）调制过程

一杯干马天尼的调制过程有以下几个步骤：

1. 制作工具

调制干马天尼的工具有冰桶、冰夹、量酒器、摇酒壶、砧板、杯垫。

2. 材料及用量

一杯干马天尼所用到的材料：金酒 1.5 oz，干味美思 0.5 oz，冰块（4 ～ 6 块）。

3. 调制方法

①首先除冰块外，将干味美思、金酒按照顺序取量放入雪克壶中。

②用冰夹夹取冰块，放入雪克壶中。

③盖好雪克壶，单手或双手摇壶至壶壁出现冰霜即可。

④选取三角鸡尾酒杯，将摇好的鸡尾酒按顺时针方向倒入酒杯中，八分满即可。

⑤用冰夹取出咸水橄榄，用牙签串起来，放杯中做装饰。一杯干马天尼鸡尾酒已经调制完成了。

（三）成品品鉴

干马天尼被称为男人的鸡尾酒，是一款烈性干苦的鸡尾酒。酒精度高，餐前饮品，有开胃提神之效。典型的短饮鸡尾酒，10～20 min 是最佳饮用时长。同学们，现在你知道怎么去调制一杯完美的干马天尼鸡尾酒了吧。

黑色俄罗斯

三、黑色俄罗斯的调制

（一）鸡尾酒来源

大家知道这款鸡尾酒为什么叫黑色俄罗斯吗？黑色俄罗斯（Black Russian）也称黑俄，它的特色是酒精度虽高，但却容易入口。这款鸡尾酒以伏特加为基酒，加上它的色泽而得名。那么接下来，让我们来学习黑色俄罗斯的调制。

（二）调制过程

一杯黑色俄罗斯的调制过程有以下几个步骤：

1. 制作工具

调制黑色俄罗斯的工具有冰桶、冰夹、量酒器、杯垫。

2. 材料及用量

我们知道，鸡尾酒的调制不是随心所欲的，而是必须严格按照配方和用量来要求的，如果擅自修改，严重的可能会导致酒精中毒，甚至危及生命安全。因此鸡尾酒的调制一定要遵循严格的配方。

一杯黑色俄罗斯所用到的材料：伏特加 1 oz，咖啡酒 0.75 oz，冰块（4～6 块）。

3. 调制方法

①先用冰夹夹取冰块，放 4～6 块。

②用量酒器装咖啡酒，放入古典杯中。

③用量酒器装伏特加酒，放入古典杯中。

④用吧叉匙顺时针搅拌 3 ~ 5 圈，一杯黑色俄罗斯鸡尾酒已经调制完成了。现在可以来品尝这杯美酒了。

（三）成品品鉴

这款鸡尾酒属于鸡尾酒中的短饮。所谓短饮也就是说该款鸡尾酒对时间温度和冰块的化水率有较高的要求，不适合久放，需要在 10 ~ 20 min 内尽快喝掉。喝完了再慢慢聊天，想喝再继续点就可以了。同学们，现在你知道怎么去调制一杯完美的黑色俄罗斯鸡尾酒了吧。

四、百加得鸡尾酒的调制

（一）鸡尾酒来源

大家知道这款鸡尾酒是如何诞生的吗？1933 年美国废除禁酒令后，古巴的百加得公司为了促销本公司生产的朗姆酒而设计的一款鸡尾酒，也是得其利鸡尾酒的改进版。那么接下来，让我们来学习百加得的调制。

（二）调制过程

一杯百加得的调制过程有以下几个步骤：

1. 制作工具

调制百加得的工具有冰桶、冰夹、榨汁器、量酒器、摇酒壶、水果刀、砧板、杯垫。

2. 材料及用量

我们知道，鸡尾酒的调制不是随心所欲的，而是必须严格按照配方和用量来要求的，如果擅自修改，严重的可能会导致酒精中毒，甚至危及生命安全。因此鸡尾酒的调制一定要遵循严格的配方。

一杯百加得所用到的材料：百加得朗姆酒 2 oz，柠檬汁 0.75 oz，红石榴糖浆 0.3 oz，冰块（4～6 块）。

3. 调制方法

①除冰块外，将柠檬汁、红石榴糖浆和百加得朗姆酒，按照顺序取量放入雪克壶中。

②用冰夹夹取冰块，放入雪克壶中。

③盖好雪克壶，单手或双手摇壶至壶壁出现冰霜即可。

④选取三角鸡尾酒杯，将摇好的鸡尾酒按顺时针方向倒入酒杯中，八分满即可。

⑤柠檬片用刀切一个小口，进行挂杯装饰。一杯百加得鸡尾酒已经调制完成了，现在可以来品尝这杯美酒了。

（三）成品品鉴

该酒属于短饮。酒精度约为 30 度，口感酸中有甜、甜中有酸，最佳饮用时长 10 ~ 20 min。同学们，现在你知道怎么去调制一杯完美的百加得鸡尾酒了吧。

五、特基拉日出的调制

（一）名称来源

特基拉日出

大家知道这款鸡尾酒名称的来源吗？正如鸡尾酒的名字一般，它的特点是色泽绝美，有如朝阳映照于酒杯当中。1972 年"滚石合唱团"的团员米克杰格在全美演唱会期间，每次演唱前都要饮用此酒，此酒因而闻名于世。该款鸡尾酒的名称来自该款鸡尾酒所呈现出来的美丽情景。在生长着星星点点仙人掌，但又荒凉到极点的墨西哥平原上，正升起鲜红的太阳，阳光把特基拉小镇照耀得一片灿烂。特基拉日出中浓烈的龙舌兰香味使人想起特基拉小镇清早的朝霞。那么接下来，让我们来学习特基拉日出的调制。

（二）调制过程

一杯特基拉日出的调制过程有以下几个步骤：

1. 制作工具

调制特基拉日出的工具有冰桶、冰夹、量酒器、摇酒壶、水果刀、砧板、杯垫。

2. 材料及用量

我们知道，鸡尾酒的调制不是随心所欲的，而是必须严格按照配方和用量来要求的，如果擅自修改，严重的可能会导致酒精中毒，甚至危及生命安全。因此鸡尾酒的调制一定要遵循严格的配方。

一杯特基拉日出所用到的材料：特基拉酒 1 oz，橙汁 5 oz，红石榴糖浆 0.5 oz，冰块适量。

3. 调制方法

①在海波杯中放入八分满冰块。

②将配方要求的特基拉酒倒入海波杯。

③将八分满的橙汁放入海波杯。

④将配方要求的红石榴糖浆放入海波杯。

⑤切柳橙片，进行挂杯装饰，放入吸管和调酒棒。一杯特基拉日出鸡尾酒已经调制完成了，现在可以来品尝这杯美酒了。

（三）成品品鉴

鸡尾酒中以特基拉为基酒的鸡尾酒，最有名的莫过于特基拉日出了。属于长饮鸡尾酒，酒精度约为 19 度。混合了多种新鲜果汁，果香味十足。加上龙舌兰酒特有的热烈火辣，饮后使人回味无穷。同学们，现在你知道怎么去调制一杯完美的特基拉日出鸡尾酒了吧。

六、玛格丽特的调制

（一）玛格丽特来源

大家知道这款鸡尾酒为什么叫玛格丽特吗？本款鸡尾酒是 1949 年全美鸡尾酒大赛冠军作品，它的创作者是洛杉矶的简·杜雷萨。在 1926 年，他和恋人玛格丽特外出打猎，玛格丽特不幸中流弹身亡，简·杜雷萨从此郁郁寡欢，为纪念爱人将自己的获奖作品以她的名字命名。盐是创造者失去恋人留下的眼泪，故本款鸡尾酒杯使用盐口做装饰。

（二）调制过程

一杯玛格丽特的调制过程有以下几个步骤：

1. 制作工具

调制马格丽特的工具有冰桶、冰夹、榨汁器、量酒器、摇酒壶、水果刀、砧板、杯垫。

2. 材料及用量

一杯马格丽特所用到的材料：特基拉酒 1 oz，君度 0.5 oz，柠檬汁 1 oz，冰块（4 ~ 6 块）。

3. 调制方法

①除冰块外，将柠檬汁、君度、特基拉酒，按照顺序取量放入雪克壶中。

②用冰夹夹取冰块，放入雪克壶中。

③盖好雪克壶，单手或双手摇壶至壶壁出现冰霜即可。

④选取马格丽特杯，用柠檬沾湿杯口粘上杯碟中的细盐，做盐边装饰。

⑤水果刀切青柠檬片，进行挂杯装饰。一杯马格丽特鸡尾酒已经调制完成了，现在可以来品尝这杯美酒了。

（三）成品品鉴

龙舌兰的辛辣、柑橘酒的甜、柠檬汁的酸苦和盐边的咸，完美融合，入口酸甜苦辣咸五味皆具，而这五种味道也是爱情的味道。该鸡尾酒属于短饮，酒精度约为 30 度。

七、边车的调制

（一）名称来源

边车

大家知道这款鸡尾酒为什么叫边车吗？这款鸡尾酒在第一次世界大战结束时被首次调制而成，名字是为了纪念一位美国的上尉，他喜欢骑着摩托边车在巴黎游玩，故名边车（Side Car）。

（二）调制过程

一杯边车的调制过程有以下几个步骤：

1. 制作工具

调制边车的工具有冰桶、冰夹、榨汁器、量酒器、摇酒壶、水果刀、砧板、杯垫。

2. 材料及用量

我们知道，鸡尾酒的调制不是随心所欲的，而是必须严格按照配方和用量来要求的，如果擅自修改，严重的可能会导致酒精中毒，甚至危及生命安全。因此鸡尾酒的调制一定要遵循严格的配方。

一杯边车所用到的材料：白兰地 2 oz，君度 0.5 oz，柠檬汁 0.5 oz，冰块（4～6 块）。

3. 调制方法

①除冰块外，将柠檬汁、君度和白兰地，按照顺序取量放入雪克壶中。

②冰夹夹取冰块，放入雪克壶中。

③盖好雪克壶，单手或双手摇壶至壶壁出现冰霜即可。

④选取三角鸡尾酒杯，将摇好的鸡尾酒按顺时针方向倒入酒杯中，八分满即可。一杯边车鸡尾酒已经调制完成了。

（三）成品品鉴

这款边车鸡尾酒酒精度约为 30 度，短饮，带有酸甜味，口味清爽，能消除疲劳，适合餐后饮用。

八、螺丝刀的调制

（一）名称来源

大家知道这款鸡尾酒为什么叫螺丝刀吗？在伊朗油田工作的美国工人以螺丝刀将伏特加及柳橙汁搅匀后饮用，故而取名为螺丝刀。这款酒素以勾引女子而闻名。如果将螺丝刀中的伏特加基酒换成琴酒，则变成橘子花鸡尾酒。美国禁酒期这款鸡尾酒非常流行。

（二）调制过程

一杯螺丝刀的调制过程有以下几个步骤：

1. 制作工具

调制螺丝刀的工具有冰桶、冰夹、量酒器、水果刀、砧板、杯垫。

2. 材料及用量

我们知道，鸡尾酒的调制不是随心所欲的，而是必须严格按照配方和用量来要求的，如果擅自修改，严重的可能会导致酒水中毒，危及生命安全。因此鸡尾酒的调制一定要遵循严格的配方。

一杯螺丝刀所用到的材料：伏特加 1.5 oz，柳橙汁八分满，冰块（八分满）。

3. 调制方法

①用冰夹夹取冰块八分满，放入海波杯中。

②量取 1.5 oz 的伏特加放入海波杯中。

③在海波杯中倒入八分满的橙汁。

④用吧叉匙顺时针搅拌 3 ~ 5 次。

⑤柳橙片切片，用刀切一个小口，用冰夹进行挂杯装饰。一杯螺丝刀鸡尾酒已经调制完成了。

（三）成品品鉴

螺丝刀属于长饮，酒精度约为 15 度，可以长时间饮用。因为伏特加无色，大量加入橙汁带来的饮用感觉是在饮用橙汁，很容易不知不觉就喝多了。因此此款鸡尾酒有"女士杀手"之称，一不小心就会饮酒过度。

九、曼哈顿的调制

（一）名称来源

大家知道这款鸡尾酒为什么叫曼哈顿吗？曼哈顿鸡尾酒和曼哈顿有什么关系呢？这款鸡尾酒由著名英国首相丘吉尔的母亲发明，口感强烈而直接，诞生于 19 世纪 70 年代纽约曼哈顿俱乐部。丘吉尔的母亲为美国总统候选人举办宴会，用发明的这款鸡尾酒来招待客人，因为宴会太成功，曼哈顿鸡尾酒也瞬间流行起来。

自鸡尾酒诞生起，人们就一直喝着这款鸡尾酒，念念不忘它的味道，无论在哪一个酒吧，这款鸡尾酒总是客人的至爱，因而被称为"鸡尾酒王后"，这就是曼哈顿鸡尾酒。

（二）调制过程

一杯曼哈顿的调制过程有以下几个步骤：

1. 制作工具

调制曼哈顿的工具有冰桶、冰夹、量酒器、水果刀、砧板、杯垫。

2. 材料及用量

我们知道，鸡尾酒的调制不是随心所欲的，而是必须严格按照配方和用量来要求的，如果擅自修改，严重的可能会导致酒精中毒，甚至危及生命安全。因此鸡尾酒的调制一定要遵循严格的配方。

一杯曼哈顿所用到的材料：波本威士忌 1.5 oz，甜味美思 0.75 oz，冰块（4 ~ 6 块）。

3. 调制方法

①先放冰块，用冰夹夹取冰块，放入古典杯。

②依次放入标准分量的甜味美思、波本威士忌。

③用吧叉匙顺时针搅拌三圈。

④樱桃放入古典杯做装饰。一杯曼哈顿鸡尾酒已经调制完成了。

（三）成品品鉴

这款鸡尾酒属于餐前开胃鸡尾酒，短饮。香味浓馥，甘甜可口，特别宜于女性饮用，酒精度约为 32 度，一点也不低。

青草蜢

十、青草蜢的调制

（一）名称来源

大家知道这款鸡尾酒为什么叫青草蜢吗？青草蜢也称绿色蚱蜢，是一款根据颜色命名的鸡尾酒。它同其他很多短饮风格的鸡尾酒一样，也是世界著名的经典传统鸡尾酒之一。

（二）调制过程

一杯青草蜢的调制过程有以下几个步骤：

1. 制作工具

调制青草蜢的工具有冰桶、冰夹、量酒器、水果刀、砧板、杯垫。

2. 材料及用量

我们知道，鸡尾酒的调制不是随心所欲的，而是必须严格按照配方和用量来要求的，如果擅自修改，严重的可能会导致酒精中毒，甚至危及生命安全。因此鸡尾酒的调制一定要遵循严格的配方。

一杯青草蜢所用到的材料：绿薄荷酒 0.75 oz，白可可酒 0.75 oz，牛奶 0.75 oz。

3. 调制方法

①将除了冰块以外的所有材料，放入雪克壶中。

②用冰夹夹 4 ~ 6 块冰块放入雪克壶。

③盖好雪克壶，单手或双手摇壶至壶壁出现冰霜即可。

④将摇好的鸡尾酒按顺时针方向倒入三角鸡尾酒杯中，八分满即可。

⑤绿色车厘子切片，用刀切一个小口，用冰夹进行挂杯装饰。一杯青草蜢鸡尾酒已经调制完成了。

（三）成品品鉴

此酒可以作为餐后酒饮用。该鸡尾酒作为短饮，是初饮鸡尾酒的女性特别喜欢的一款鸡尾酒，酒精度约为14度。总的来说，口味甜美柔和并带有浓郁的薄荷香和可可香。青草蜢不仅深受很多女士的欢迎，其实就是男士，只要对薄荷味不介意的也很喜欢。

十一、威士忌酸的调制

威士忌酸

（一）名称来源

大家知道这款鸡尾酒为什么叫威士忌酸吗？是因为它是一款以威士忌为基酒的鸡尾酒，同时口感以酸为主，所以命名为威士忌酸，是酸类鸡尾酒中的典型。使用的威士忌以美国波本威士忌为经典选择。

（二）调制过程

一杯威士忌酸的调制过程有以下几个步骤：

1. 制作工具

调制威士忌酸的工具有冰桶、冰夹、榨汁器、量酒器、摇酒壶、水果刀、砧板、杯垫。

2. 材料及用量

我们知道，鸡尾酒的调制不是随心所欲的，而是必须严格按照配方和用量来要求的，如果擅自修改，严重的可能会导致酒精中毒，甚至危及生命安全。因此鸡尾酒的调制一定要遵循严格的配方。

一杯威士忌酸所用到的材料：波本威士忌 1 oz，柠檬汁 2 oz，糖浆 0.5 oz，冰块（4～6块）。

3. 调制方法

①除冰块外，将柠檬汁、糖浆、威士忌按照顺序取量放入雪克壶中。

②用冰夹夹取冰块，放入雪克壶中。

③盖好雪克壶，单手或双手摇壶至壶壁出现冰霜即可。

④选取三角鸡尾酒杯，将摇好的鸡尾酒按顺时针方向倒入酒杯中，八分满即可。

⑤用冰夹取出樱桃，用刀切一个小口，进行挂杯装饰；用刀切柠檬片，并进行挂杯装饰。一杯威士忌酸鸡尾酒已经调制完成了。

（三）成品品鉴

威士忌酸酒是一种非常适合寒冷的冬夜饮品。酒精度约为 18 度。度数中等、口味酸酸甜甜，比较适合女生，是一款短饮鸡尾酒，需要在 10 ~ 20 min 饮完才能获得最佳感受。

十二、新加坡司令的调制

新加坡司令

（一）名称来源

大家知道这款鸡尾酒的来源吗？新加坡司令鸡尾酒诞生于著名的莱佛士酒店，这座酒店被西方人士称为"充满异国情调的东洋神秘之地"。1910 年，原籍海南岛的华人调酒师严崇文在莱佛士酒店的长酒吧（Long Bar）里发明了这款享誉世界的鸡尾酒。

（二）调制过程

一杯新加坡司令的调制过程有以下几个步骤：

1. 制作工具

调制新加坡司令的工具有冰桶、冰夹、量酒器、摇酒壶、水果刀、砧板、杯垫。

2. 材料及用量

我们知道,鸡尾酒的调制不是随心所欲的,而是必须严格按照配方和用量来要求的,如果擅自修改, 严重的可能会导致酒精中毒, 甚至危及生命安全。因此鸡尾酒的调制一定要遵循严格的配方。

一杯新加坡司令所用到的材料：金酒 1.5 oz，樱桃白兰地 0.75 oz，柠檬汁 0.75 oz，红石榴糖浆 0.75 oz，苏打水（九分满），冰块（八分满）。

3. 调制方法

①在海波杯中放入八分满冰块。

②按配方要求把除了苏打水的其他所有材料倒入海波杯（红石榴糖浆最后放）。

③加入适量苏打水，至九分满。

④用吧叉匙顺时针搅拌底部 5 ～ 10 次。

⑤切柠檬片，取红樱桃，做成柠檬樱桃卷，放入杯内；放入吸管和调酒棒。一杯新加坡司令鸡尾酒已经调制完成了。

（三）成品品鉴

新加坡司令鸡尾酒属于长饮鸡尾酒、酒精度约为 17 度。口感酸甜，外加碳酸气体的跳动和果味的酒香，饮后回味无穷，有消除疲劳的功效。

十三、长岛冰茶的调制

长岛冰茶

（一）名称来源

大家知道这款鸡尾酒的来源吗？长岛冰茶起源于美国纽约的长岛，于 20 世纪 90 年代起风靡全球。长岛冰茶不是茶，只是色泽很像红茶的一款鸡尾酒饮料，酒精度高。

（二）调制过程

一杯长岛冰茶的调制过程有以下几个步骤：

1. 制作工具

调制长岛冰茶的工具有冰桶、冰夹、榨汁器、量酒器、摇酒壶、水果刀、砧板、杯垫。

2. 材料及用量

我们知道，鸡尾酒的调制不是随心所欲的，而是必须严格按照配方和用量来要求的，如果擅自修改，严重的可能会导致酒精中毒，甚至危及生命安全。因此鸡尾酒的调制一定要遵循严格的配方。

一杯长岛冰茶所用到的材料：金酒 0.5 oz，朗姆酒 0.5 oz，特基拉 0.5 oz，伏特加 0.5 oz，君度 0.5 oz，柠檬汁 0.75 oz，可乐（八分满），冰块（适量）。

3. 调制方法

①在海波杯中放入八分满冰块。

②将除了可乐以外的材料，放入雪克壶中。

③盖好雪克壶，单手或双手摇壶至壶壁出现冰霜即可。

④将摇好的鸡尾酒按顺时针方向倒入海波杯中，再倒入八分满可乐即可。

⑤用刀切一个柠檬片，进行挂杯装饰，放入吸管和调酒棒。一杯长岛冰茶鸡尾酒已经调制完了。

（三）成品品鉴

这是一款在鸡尾酒界排得上号的烈性鸡尾酒。酒精度接近 30 度。由于味道像茶，很容易摄入过量，导致醉酒。酒量不佳者慎饮。

十四、自由古巴的调制

自由古巴

（一）名称来源

大家知道这款鸡尾酒的来源吗？自由古巴起源于 1900 年，是用朗姆酒为基酒并兑上适量的可乐而成。自由古巴是古巴从西班牙独立时，用当时市民口中常用的词来命名的酒。1902 年，古巴人民进行了反对西班牙的独立战争，在这场战争中他们使用"Cuba Libre"（即自由的古巴万岁）作为纲领性口号，于是便有了这款名为"自由古巴"的鸡尾酒。

（二）调制过程

一杯自由古巴的调制过程有以下几个步骤：

1. 制作工具

调制自由古巴的工具有冰桶、冰夹、量酒器、水果刀、砧板、杯垫。

2. 材料及用量

我们知道，鸡尾酒的调制不是随心所欲的，而是必须严格按照配方和用量来要求的，如果擅自修改，严重的可能会导致酒精中毒，甚至危及生命安全。因此鸡尾酒的调制一定要遵循严格的配方。

一杯自由古巴所用到的材料：朗姆酒 1 oz，可乐（九分满），青柠檬（适量）。

3. 调制方法

①用冰夹夹取冰块，在柯林杯中放入八分满的冰块。

②放入标准分量的朗姆酒。

③放入九分满的可乐。

④用吧叉匙顺时针搅拌 3 ~ 5 圈。

⑤用刀把青柠檬切成片，柠檬片再切 1/4 放入柯林杯做装饰。一杯自由古巴鸡尾酒已经调制完成了。

（三）成品品鉴

该款鸡尾酒是长饮。酒精度约为 15 度。口感轻柔，解渴开胃。加一点香草精，味道会更好。

十五、得其利鸡尾酒的调制

（一）名称来源

得其利（Daiquiri）是古巴城市圣地亚哥郊外的矿山名称，此款鸡尾酒以其命名。据说 19 世纪末，在这里工作的美国技师用当地产的朗姆酒和砂糖创造出了这款鸡尾酒。到目前为止，作为世界十佳鸡尾酒候选作品，此酒的人气正在上升。

得其利

（二）调制过程

一杯得其利的调制过程有以下几个步骤：

1. 制作工具

调制得其利的工具有冰桶、冰夹、榨汁器、量酒器、摇酒壶、砧板、杯垫、杯碟。

2. 材料及用量

我们知道，鸡尾酒的调制不是随心所欲的，而是必须严格按照配方和用量来要求的，如果擅自修改，严重的可能会导致酒精中毒，甚至危及生命安全。因此鸡尾酒的调制一定要遵循严格的配方。

一杯得其利所用到的材料：白朗姆酒 1.5 oz，柠檬汁 1 oz，糖浆 0.5 oz，冰块（4 ~ 6 块）。

3. 调制方法

①除冰块外，将柠檬汁、糖浆、白朗姆酒按照顺序放入雪克壶中。

②用冰夹夹取冰块，放入雪克壶中。

③盖好雪克壶，单手或双手摇壶至壶壁出现冰霜即可。

④选取三角鸡尾酒杯，在杯碟中倒入细盐，做"盐边"造型。

⑤将摇好的鸡尾酒按顺时针方向倒入酒杯中，八分满即可。一杯得其利鸡尾酒已经调制完成了。

（三）成品品鉴

该款鸡尾酒是长饮，可全天候饮用，口感酸甜，酒精度约为 28 度。

项目小结

本项目分为鸡尾酒的调制程序与原则、掌握自创鸡尾酒的基本规则、鸡尾酒调制技巧、鸡尾酒调制训练四个任务，通过对本项目的学习掌握了鸡尾酒的调制程序与原则，熟悉了鸡尾酒的调制技巧。另外，通过鸡尾酒调制的训练和自创鸡尾酒的学习，基本具备了自创鸡尾酒的能力和技巧。

项目训练

○ 知识训练

知识拓展6

一、简答题

1. 鸡尾酒调制的程序是什么？

2. 鸡尾酒调制技巧有哪些？

3. 红粉佳人鸡尾酒的配方是什么？

二、思考题

1. 自创鸡尾酒需要考虑哪些因素？

2. 调制鸡尾酒，需要做好哪些准备工作？

○ 能力训练

1. 技能训练一：调制"清凉世界"

材料：绿薄荷酒 1 oz，雪碧或七喜（八分满）

制法：直接注入法

载杯：高飞球杯

装饰物：柠檬片挂杯、吸管

【酒语】

色泽清爽、口感清淡、酒精度低，是一款全天候的清凉饮品。

2. 技能训练二：调制"轰炸机 B52"

材料：甘露咖啡酒（大地）1/3 oz，百利甜奶油酒（云）1/3 oz，君度橙酒（40 度）1/3 oz

制法：悬浮法

载杯：一口杯

装饰物：无

【酒语】

轰炸机也称 B52，是一款历史悠久的鸡尾酒。先是香味，再是甜，最后是带点酒味的橙香。酒精度约为 30 度。

3. 技能训练三：调制"长岛冰茶"

材料：金酒 1/2 oz，朗姆酒 1/2 oz，特基拉 1/2 oz，伏特加 1/2 oz，君度 1/2 oz，柠檬汁 3/4 oz，可乐（八分满）

制法：摇荡法

载杯：柯林杯

装饰物：柠檬、吸管

【酒语】

长岛冰茶（Long Island Iced Tea）虽取名冰茶，却是在没有使用红茶的情况下，调制出具有红茶色泽与口味的美味鸡尾酒，但它绝对是毋庸置疑的烈酒。味道微辣却带有可乐与红茶的气味，适合餐后饮用。

附　录

附录1　酒吧常用交流英语

1. Welcome to our bar.

    欢迎光临我们的酒吧。

2. Nice to meet you again.

    很高兴再次见到您。

3. Please wait a moment.

    请稍等一下。

4. Is there anything I can do for you ?

    还有什么事需要为您效劳吗？

5. Thank you for coming, Good-bye.

    谢谢您的光临，再见。

6. Thank you, we don't accept tips.

    谢谢您，我们不收小费。

7. Would you like a cocktail or whisky on the rocks ?

    您要鸡尾酒还是要威士忌加冰？

8. Would you mind filling in this inquiry form ?

    请填一下这张意见表好吗？

9. Leave it to me.

    让我来吧。

10. Please bring me a pot of hot coffee.

    请给我一壶热咖啡。

11. Can you act as my interpreter ?

    你可以做我的翻译吗？

12. Do you honor this credit card ?

    你们接受这张信用卡吗？

13. Please give me a receipt.

    请给我一张发票。

14. It is no sugar in the coffee.

212

咖啡里没有糖。

15. I'd like to see your manager.

我要见你们的经理。

16. Please give me another drink.

请给我另一份饮料。

17. Please page Mr. Ii in the bar.

请叫一下在酒吧里的李先生。

18. Will you take charge of my baggage ?

你可以替我保管一下行李吗?

19. Would you care for a glass of sherry with your soup ?

在喝汤的时候是否要一杯雪利酒?

20. Your friends will be back very soon.

你的朋友很快会回来。

21. Have a nice trip home.

归途愉快。

22. Wish you a pleasant journey.

祝您旅途愉快。

23. Would you like me to call a taxi for you ?

要我为您叫出租车吗?

24. I'd suggest you take the one-day tour of Shanghai.

我建议您参加上海一日游。

25. May I take your order ?

我能为您点菜吗?

26. There is a floor show in our lobby bar. Would you like to see it ?

大堂酒吧里有表演，您愿意去看吗?

27. Please feel free to tell us you have any request.

请把您的要求告诉我们。

28. Miss Li is regarded as one of the best barmaid in the hotel.

李小姐被认为是酒店里最好的女调酒师。

29. Here is the drink list, sir. Please take your time.

先生，这是酒单，请慢慢看。

30. I do apologize. Is there any thing I can do for you ?

非常抱歉，还有什么可以为您效劳吗?

31. Mao Tai is much stronger than Shaoxing rice wine.

茅台酒精度要比黄酒高。

32. Mr. Tom has caught a cold. He asks the bartender for some aspirin tablets.

汤姆先生患了感冒，他向调酒师要一些阿司匹林药片。

33. Snack bar usually serve fast food.

小吃吧通常供应快餐。

34. We like Shaoxing rice wine because it tastes good.

我们喜欢绍兴黄酒是因为它口味很好。

35. We have a bottle of wine that has been preserved for twenty years.

我们有一瓶保存了 20 年的葡萄酒。

36. Yesterday he caught a cold, so he didn't go to work.

昨天他得了感冒，所以他没去上班。

37. Hotel staff should handle guest's complaint with patience.

酒店员工必须耐心地对待客人的抱怨。

38. Since you stay at our hotel, you may sign the bill.

从你入住我们的酒店后，你就可以签单。

39. "Bourbon on the rocks" is Bourbon whiskey on ice cubes.

"Bourbon on the rocks" 的意思是波本威士忌加冰块。

40. I'll return to take your order in a while.

等一会我会回来为你点单。

41. The minimum charge for a 200 people cocktail receptions is 6,000 yuan, including drinks.

200 人的鸡尾酒会最低价是 6 000 元，包括酒水。

42. The base of Old Fashioned Cocktail is whiskey.

古典鸡尾酒的基酒是威士忌。

43. Kahlua is a kind of liqueur.

甘露咖啡酒是一种利口酒。

44. I hope that we will be meeting again soon.

我希望我们不久会再见面。

45. What will you be doing at 7 tonight？

今晚 7 点钟你们干什么？

46. He will be waiting for you in the lobby at seven.

他今晚 7 点在大堂等您。

47. What are you going to do tomorrow morning？

明天上午您打算干什么？

48. I'm not going to stay any longer. It's going to rain, isn't it ?

我不打算再多待下去，天好像要下雨，是吗？

49. If you don't mind, we can take care of your baggage for you.

如果您不介意，我们可以为您看管行李。

50. Let me carry the suitcase for you, will you ?

让我为您提这只皮箱好吗？

51. What would you like to drink after dinner, coffee or tea ?

晚饭后您想喝咖啡还是喝茶？

52. How shall we get to Yuyuan Garden, by bus or by taxi ?

去豫园公园该乘公共汽车还是出租车？

53. Your breakfast will be served in a short while.

您的早餐要过一会儿才能送到。

54. It's about 10 minutes, drive from the airport to our hotel.

从机场到我们宾馆驱车大约要 10 min 时间。

55. Please don't speak loudly in the lobby lounge, will you ?

请不要在大堂酒吧大声说话，好吗？

56. There's something wrong with my watch. Could you tell me where I can get it repaired ?

我的手表坏了，请问上哪儿可以修理？

57. The children are too young to drink wine.

孩子太小还不能喝酒。

58. I tried to remove the wine stain in my coat with soup, but in vain.

我试着用肥皂洗去衣服上的酒渍，但是没有成功。

59. Would you like to have some Mao Tai ?   It never goes to the head.

您要喝点茅台吗？这酒从不上头。

60. A bartender should know what to do and how to do it.

一个调酒师应该知道做什么和怎么做。

61. The bar is full now. Could you wait for about 20 minutes ?

酒吧现在客满，请稍等约 20 min 好吗？

62. Would you mind if I smoke ?

你不介意我抽支烟吧？

63. Would you please tell me the exchange rate today ?

请你告诉我今天的外汇兑换率好吗？

64. We serve many kinds of drinks. Please help yourself.

我们供应很多种饮料，请自便。

65. Would you please teach me how to use chopsticks ?

请你教我如何使用筷子好吗？

66. Would you mind opening the window by the table ?

您不介意把餐桌一边的窗户打开吧？

67. How much do all these come to ?

这些共计多少钱？

68. Frankly speaking, I don't like this wine.

老实说，我不喜欢这种酒。

69. I like to make coffee very sweet, so does my wife.

我喜欢把咖啡冲得很甜，我夫人也是。

70. Can this wine really have been preserved for years ?

这种酒真的是陈年葡萄酒吗？

附录 2　全国旅游院校饭店服务技能大赛（调酒）项目

一、调酒师（鸡尾酒调制）比赛规则和评分标准

（一）比赛内容

1. 规定鸡尾酒的调制。

2. 调酒方式为英式调酒。

（二）比赛要求

1. 选手必须佩戴参赛证提前进入比赛场地，裁判员统一口令"开始准备"进行准备，准备时间为 2 min。准备就绪后，举手示意。

2. 选手在裁判员宣布"比赛开始"后开始操作。

3. 所有操作结束后，选手应回到操作台前，举手示意"比赛完毕"。

4. 物品落地每件扣 6 分，物品碰倒每件扣 4 分，倒酒时每洒一次扣 3 分。

5. 规定鸡尾酒的调制要求，选手按该鸡尾酒的标准配方，在规定的时间内进行调制。

规定鸡尾酒的调制内容：

名称：五色彩虹酒。

材料：红石榴糖浆、绿色薄荷酒、黑色樱桃白兰地、无色君度利口酒、棕色白兰地。

制法：必须使用吧匙调制，在利口酒杯内依次将上述原料缓慢注入即可。

要求：酒杯总容量约为 30 mL。酒液量占酒杯八至九分满，间隔距离均等。

时间规定：5 min（包括操作时间、相关酒水及器具等的复位时间。提前完成不加分，每超过 30 s 扣 5 分，不足 30 s 以 30 s 计算，超时 1 min 不予计分）。

（三）比赛物品准备

1. 操作台、规定鸡尾酒调制用的酒水由组委会提供。

2. 规定鸡尾酒调制用的用具，自创鸡尾酒调制用的酒水、用具、各类载杯及装饰物等其他物品均由选手自行准备（注：装饰物只能为原材料或半成品）。

（四）比赛评分标准

项　目	要求和评分标准	分　值	扣　分	得　分
标准鸡尾酒调制（80分）	严格按照规定配方调制鸡尾酒	10		
	下料程序正确（依次为：红石榴糖浆、绿色薄荷酒、黑色樱桃白兰地、无色君度利口酒、棕色白兰地）	10		
	调酒器具保持干净，整齐	15		
	酒水使用完毕，旋紧瓶盖，复归原位	10		
	调制后的鸡尾酒层次分明，瑰丽可人，占酒杯八至九分满	20		
	调酒操作姿态优美，手法干净卫生	15		
合　计		80		
操作时间：　　分　　秒　　　　　　　超时：　　　　扣分：　　分				
物品落地、物品碰倒、倒酒洒酒　　件/次　　　　　　扣分：　　分				
实际得分				

二、调酒准备用品

吧匙

黑樱桃色白兰地

红石榴糖浆

利口酒杯
（规定鸡尾酒酒杯）

绿色薄荷酒

无色君度利口酒

棕色白兰地

三、调酒英语口语参考题

题型一　中译英

1. 等一会儿我会回来为你点单。

I'll return to take your order in a while.

2. "Bourbon on the rocks" 的意思是波本威士忌加冰块。

"Bourbon on the rocks" is Bourbon whiskey on ice cubes.

3. 从你入住我们的酒店后，你就可以签单。

You may sign your bills any time when you stay in our hotel.

4. 我们有一瓶保存了 20 年的葡萄酒。

We have a bottle of wine preserved for twenty years.

5. 茅台酒精度要比黄酒高。

Mao Tai is much stronger than Shaoxing rice wine.

6. 先生，这是酒单，请慢慢看。

Here is the drink list, sir. Please take your time.

7. 非常抱歉，还有什么可以为您效劳吗？

I do apologize. Is there any thing I can do for you？

8. 酒吧里有表演，您愿意去看吗？

There is a floor show in our lobby bar. Would you like to see it？

9. 您要喝点茅台吗？这酒从不上头。

Would you like to have some Mao Tai？　It never goes to the head.

10. 酒吧现在客满，请稍等约 20 min 好吗？

The bar is full now. Could you wait for about 20 minutes？

11. 我们供应很多种饮料，请自便。

    We serve many kinds of drinks. Please help yourself.

12. 您不介意把餐桌一边的窗户打开吧？

    Would you mind opening the window by the table ?

13. 如果您不介意，我们可以为您看管行李。

    If you don't mind, we can take care of your baggage for you.

14. 我们有上好的饮品。

    We have got good drinks.

15. "绿岛"（鸡尾酒名）的口感相当好。

    "Green Island" tastes very good/excellent.

16. 本地啤酒很有特色。

    Our special is the local beer.

17. 这是米酒，用米酿制的。

    They are rice wines, made from rice.

18. 我们有些新制的鸡尾酒，如"白色美人""水立方""天堂鸟"等。

    We have got some newly made cocktails, such as "White Beauty", "Water Cube", and "Bird Nest".

19. "罗马假日"（鸡尾酒名）看上去不错。

    "Holiday In Rome" looks nice.

20. "红粉佳人"（鸡尾酒名）的味道有点儿甜。

    "Pink Lady" tastes sweet.

题型二 英译中

1. I'd like a glass of "Tree Shadow In Coconut Forest"（鸡尾酒名）.
   我要一杯"椰林树影"。

2. "Summer Sunshine"（鸡尾酒名）would be nice.
   来一杯"夏日阳光"。

3. People like "Dance of Bright Sun"（鸡尾酒名）very much.
   大家都很喜欢"艳阳之舞"。

4. "Star of Good Fortune"（鸡尾酒名）sells well.
   "幸运星"销路很好。

5. "Setting Sun at Dusk"（鸡尾酒名）sounds very interesting.
   "日落黄昏"听起来很有意思。

6. Would you like a table near the bar or by the window？

你是坐在吧台旁还是坐在窗口旁？

7. Here are some peanuts for free. Please enjoy them.

这是你的花生米，请免费享用。

8. I'd like a glass of whiskey, straight up.

来一杯威士忌，纯喝。

9. How about a "night cap"？

临睡前再来一杯，怎么样？

10. Two ounces scotch on the rocks, please.

要一杯 2 oz 加冰的苏格兰酒。

11. The name of "Bright Stars" is romantic.

"星光灿烂"（鸡尾酒名）的名字很浪漫。

12. A glass of whiskey, half and half.

一杯威士忌，一半水，一半酒。

13. How would you like your whiskey, with ice or without ice？

您的威士忌，加冰还是不加冰？

14. Scotch over, please.

一杯加冰的苏格兰酒。

15. "Love Story" and "Very Warm Kiss" are different from each other.

"爱情故事"（鸡尾酒名）和"烫热之吻"（鸡尾酒名）互不相同。

16. Make it two, please.

再给我来一杯。

17. Please bring me a pot of hot coffee.

请给我一壶热咖啡。

18. Do you accept this credit card？

你们接受这张信用卡吗？

19. Please page Mr. Li in the bar.

请叫一下在酒吧里的李先生。

20. There is difference between "Burning Sun" and "Dance of Bright Sun".

"烈日骄阳"（鸡尾酒名）和"艳阳之舞"（鸡尾酒名）之间有不同点。

题型三　情景对话

1. —What drinks do guests usually order after a meal？

　　—After a meal, guests usually order Brandy or Liqueur.

2. —What is champagne ?

—Champagne is a sparkling, dry, white wine originally from the region of Champagne.

3. —What is cognac ?

—Cognac is a brandy distilled in the town of Cognac, France.

4. —What is whiskey?

—Whiskey is distilled alcoholic liquor made from grain, usually containing from 43 to 50 percent alcohol.

5. —What does "V.S.O.P" mean ?

—"V.S.O.P" means V—very, S—superior, O—old, P—pale.

6. —Can you mention four major kinds of Cocktail ?

—They are Short Drink, Long Drink, On the Rock and Shooter.

7. —Can you tell the four basic methods to make cocktail ?

—They are shake, stir, build and blend.

8. —What does "on the rocks" mean ?

—"on the rocks" means served over ice cubes, that is to say, putting the ice cubes into the glass, and then pouring the liquor on the ice.

9. —What kind of drink is cocktail?

—The cocktail is a drink made by blending spirits together or adding condiments to a wine or more.

10. —What does "Dry" mean ?

—As for Wine, "Dry" means "not contain any sugar". As for Jin and Beer, "Dry" means "strong".

附录3　酒吧专业词汇与术语

一、用具（Utensils）

Fruit Cocktail	水果杯
Ashtray	烟灰缸
Bar Counter	吧台
Bar Fork	酒吧用长叉
Bar Knife	酒吧用刀
Bar Refrigerator	酒吧用电冰箱
Bar Spoon	酒吧匙
Bar Stool	酒吧高凳
Beer Mug（Glass）	啤酒杯
Blender	搅拌机
Bottle Opener	开瓶器
Brandy Glass	白兰地酒杯
Can Opener	开罐器
Champagne Bucket	香槟酒桶
Champagne Cooler	香槟酒冷却器
Champagne Glass	香槟酒杯
Cleaning Equipment	清洁用具
Coaster	杯垫
Colktail Cup	鸡尾酒杯
Carling Cup Glass	卡林杯
Cordial（Liqueur）Glass	甜酒杯
Ice Cream Scoop	雪糕勺
Crystal Glass	水晶酒杯
Cutting Plate	切板
Decanter	滗酒器
Short Foot Cup	矮脚杯
Funnel	漏斗
Glass	玻璃杯
Glass Clothes	抹杯布
Glass Saucer	玻璃小碟

Goblet	高脚酒杯
Highball	海波杯
Ice Bucket	冰桶
Ice Machine	制冰机
Ice Pick	碎冰锥
Ice Scoop	冰勺
Ice Shaver	冰刨
Ice Tong	冰夹
Amount of Glass	量酒杯
Jug	有柄圆筒杯、水壶
Lemon Squeezer	柠檬榨汁器
Liqueur Glass	利口酒杯
Manhattan Glass	曼哈顿酒杯
Margarita Glass	玛格丽特杯
Measuring Glass	量杯
Milk Jug	奶壶
Mixing Glass	调酒杯
Stir Wine Bar	搅酒棒
Mug	有耳大啤酒杯
Tissue	纸巾
Old-fashion Glass	古典酒杯、阔口矮杯
Opener	启子
Bottle Neck	瓶嘴
Juicer	榨汁机
Punch Bowl	宾治酒缸
Red Wine Glass	红葡萄酒杯
Tray	托盘
The Blender	调酒壶
Sherry Glass	雪利酒杯
Short Glass	短饮杯
Acid Glass	酸酒杯
Spirit Glass	烈性酒杯
Stainless Steel Kettle	不锈钢水壶
Strainer	过滤器

Straw	吸管
Squeezer	榨汁器
Sugar Bowl	糖盅
Rigel's Cocktail Stick	瑞吉尔调酒棒
Tapering Glass	锥形酒杯
Toothpick Holder 牙	签盅
Tulip Champagne Glasses	郁金香形香槟酒杯
Tumbler	平底玻璃杯
Water Jug	水壶
Washing Basin	小水池
Whisky Glass	威士忌酒杯
White Wine Glass	白葡萄酒杯
Wine Basket	葡萄酒篮
Wine Glass	葡萄酒杯

二、酒水类（Beverages）

1. 白兰地类（Brandy）

Remy Martin V.S.O.P	人头马 V.S.O.P（法国）
Remy Martin X.O	人头马 X.O（法国）
Remy Martin Louis X Ⅲ	人头马路易十三（法国）
Remy Martin Napoleon	人头马拿破仑（法国）
Club de Remy Martin	人头马特级（法国）
Hennessy Cognac X.O	轩尼诗干邑 X.O（法国）
Hennessy V.S.O.P	轩尼诗 V.S.O.P（法国）
F.O.V Cognac	长颈（法国）
Raynal V.S.O.P	万事好 V.S.O.P（法国）
Raynal X.O	万事好 X.O（法国）
Martell Medallion	金牌马爹利（法国）
Martell Cordon Blue	蓝带马爹利（法国）
Martell X.O	马爹利 X.O（法国）
Augier V.S.O.P	奥吉尔 V.S.O.P（法国）
Augier X.O	奥吉尔 X.O（法国）
Meisha five-star	麦迪沙五星（法国）
Sailignac Cognee V.S.O.P	雪里玉 V.S.O.P（法国）

Dunhill V.S.O.P	登喜路 V.S.O.P（法国）
Courvioisier X.O	拿破仑 X.O（法国）
Otard V.S.O.P	豪达 V.S.O.P（法国）
Bisquit V.S.O.P	百事吉 V.S.O.P（法国）

2. 威士忌类（Whisky）

Jim Beam Bourbon Whisky	占边波本威士忌（美国）
Famous Grouse Whisky	威雀威士忌（英国）
Long John Twelve Years Whisky	龙津十二年（英国）
White Horse Whisky	白马威士忌（英国）
Johnnie Walker Red Label	红方威士忌（英国）
Johnnie Walker Black Label	黑方威士忌（英国）
Old Man's Whisky	老伯威士忌（英国）
Bell's Extra Special	金铃威士忌（英国）
Dimple 15 Years	天宝十五年（英国）
Chivas Regal Twelve Years	芝华十二年（英国）
Passport Scotch Whisky	护照苏格兰威士忌（英国）
Queen Anne Scotch Whisky	安妮皇后苏格兰威士忌（英国）
Royal Salute Twelve Years	皇家礼炮 12 年（英国）
Glenlivet Scotch Whisky	格伦苏格兰威士忌（英国）
Seagram V.O Whisky	施格兰 V.O（加拿大）
Four Rouse Bourbon Whisky	四玫瑰波本威士忌（美国）
Crown Royal	皇冠威士忌（加拿大）
Seven Crown Whisky	七个皇冠威士忌（美国）
Grant's Blended	格兰威士忌（英国）
Grant's 12 Years Deluxe	格兰特 12 年（英国）
Glenfiddich	格兰菲迪（英国）
J & B	珍宝威士忌（英国）
Cutty Sark	顺风威士忌（英国）
Dunhill	登喜路（英国）
Ballantine's	百岭坛（英国）
Canadian Club	加拿大俱乐部（加拿大）
Jack Daniel's	杰克·丹尼（美国）
100 Pipers Scotch Whisky	百笛人（美国）
Suntory Royal	三得利皇冠（日本）

3. 金酒类（Gin）

Greenall's	建尼路金（英国）
Gokon's	哥顿金（英国）
Bumett's	伯内特金（英国）
Boodle's	布多恩金酒（英国）
Gilbey's	钻石金酒（英国）
Crystal Palace	水晶宫金酒（英国）
Beefeater	必富达金酒（英国）
Lariors	莱利金（英国）

4. 朗姆酒类（Rum）

Bacardi Rum	百加得（巴西）
Mount Gry Rum	奇峰（英国）
Captain Morgan B/W Rum	摩根船长（波多黎各）

5. 伏特加酒（Vodka）

Finlandia	芬兰伏特加（芬兰）
Stolichnaya	红牌伏特加（俄国）
Moskovskaya	绿牌伏特加（俄国）
Smirnoff	皇冠伏特加（俄国）

6. 特基拉酒 / 龙舌兰酒（Tequila）

Jose Cuervo White Tequila	凯尔弗（墨西哥）
Cuervo Special Gold Tequila	金快活（墨西哥）
Conquistador	白金武士（墨西哥）

7. 利口酒（Liqueur）

Calliano Liqueur	佳莲露（意大利）
Amaretto	芳津杏仁（意大利）
Cointreau	君度（法国）

8. 常用酒水

Advocaat	蛋黄酒
Single Ale	顶部发酵的啤酒，淡啤酒
Almond Liquor	杏仁酒
Anisette	茴香酒
Aperitif	开胃酒
Apricot Brandy 杏	子白兰地
Beer	啤酒

Benedictine	汤姆利乔酒 / 法国产修士酒
Bitter Lemon Water	苦柠檬水
Bitters	比特酒
Bourbon Whiskey	波旁威士忌
Cassis	黑加仑酒（餐后甜酒）
Champagne	香槟酒
Chartreuse	查特酒 / 修道院酒（餐后甜酒）
Cherry Brandy	樱桃白兰地
Cognac	法国干邑区产的白兰地酒
Creme de Cacao	可可甜酒
Creme de Cafe	咖啡甜酒
Creme de Menthe	薄荷酒
Dark Rum	黑朗姆酒
Distilled Water	蒸馏水
Espresso Coffee	意大利特浓咖啡
Fino	淡色干雪利酒
French Wine	法国葡萄酒
Grenadine Syrup	石榴糖浆
German Wine	德国葡萄酒
Grape Juice	葡萄汁
Grapefruit Juice	西柚汁
Honey	蜜糖
Irish Coffee	爱尔兰咖啡（一种鸡尾酒）
Kummel	茴香型餐后甜酒，产于法国 / 荷兰
Lager	底部发酵的啤酒
Madeira Wine	马德拉酒（一种甜酒）
Malt Whisky	纯麦芽威士忌
Maraschino	黑樱桃威士忌
Pousse-cafe（Rainbow）	彩虹酒

三、饮料类

Mineral Water	矿泉水
Orange Juice	橘子原汁
Orangeade，Orange Squash	橘子水

Lemon Juice	柠檬原汁
Lemonade	柠檬水
Soda Water	苏打水
Coke, Coca Cola	可口可乐
Pepsi Cola	百事可乐
Sprite	雪碧
Milk Shake	奶昔
Milk Tea	奶茶
Lemonade	柠檬味汽水
Fruit Punch	果汁潘趣酒（清凉饮料）

四、调酒术语类

Ades	一种加碎冰和水果的夏季饮料
Age	陈年
Alcohol	乙醇（也称酒精）
Aperitif	开胃酒
Barmaid	女调酒师
Bartender	调酒师
Beverage	酒水、饮料
Bitter	比特苦酒
Barknife	酒吧刀
Barsetup	酒吧设置
Barspoon	酒吧匙
Blend	搅和法
Blender	电动搅拌法
Bottle	酒瓶
Barrel	酒桶
Build	兑和法
Carafe	以一升为单位的容器或称"滤酒器"
Cocktail	鸡尾酒
Wine Cellar	酒窖
Closethe Bar	酒吧
Coaster	杯垫
Cocktail Pick	酒签

Cooler	冷柜
Draught Beer	生啤酒
Drop	滴
Fermentation	发酵
Fresh	新鲜
Full Body	浓味的酒
Flat	不含汽的
Juice	果汁
Jigger	量杯
Lager	底部发酵的啤酒
After Eating Sweet	餐后甜酒
Malt	麦芽
Medium Dry	半干

参考文献
Reference

［1］牟昆.酒水服务与管理［M］.北京：清华大学出版社，2017.

［2］马特.酒水知识与文化［M］.北京：清华大学出版社，2019.

［3］盖艳秋，王伟，童江.酒水服务与酒吧运营［M］.2版.北京：中国旅游出版社，
　　　2019.

［4］林媛媛.酒水服务与管理［M］.成都：西南财经大学出版社，2019.

［5］文珺，刘玉，曾萍.酒水服务［M］.北京：旅游教育出版社，2019.

［6］林媛媛.酒水服务与管理［M］.成都：西南财经大学出版社，2019.

［7］吴浩宏.酒水知识与服务技能［M］.北京：旅游教育出版社，2018.